男装设计

高等院校服装设计专业教材

苏永刚 编著

A SERIES OF DRESS DESIGN

国 家 一 级 出 版 社
全国百佳图书出版单位

西南师范大学出版社
XINAN SHIFAN DAXUE CHUBANSHE

图书在版编目（CIP）数据

男装设计／苏永刚编著．－重庆：西南师范大学出

版社，2002.3（2014.4 重印）

（中国高等院校服装设计专业教材）

ISBN 978-7-5621-2508-2

Ⅰ．男… Ⅱ．苏… Ⅲ．男服－设计

Ⅳ．TS941.718

中国版本图书馆 CIP 数据核字（2002）第 007888 号

中国高等院校服装设计专业教材

男 装 设 计

编 著 者：苏永刚

责任编辑：王正端

整体设计：向海涛　王正端

出版发行：西南师范大学出版社

经　　销：新华书店

制　　版：重庆海阔特数码分色彩印有限公司

印　　刷：重庆康豪彩印有限公司

开　　本：889×1194　1/16

印　　张：7

字　　数：224 千字

版　　次：2003 年 3 月　第 1 版

印　　次：2014 年 4 月　第 4 次印刷

ＩＳＢＮ：978-7-5621-2508-2

定　　价：48.00 元

西南师范大学出版社正端美术工作室欢迎赐稿，出版教材及学术著作等。

正端美术工作室电话：(023)68254657(办)13709418041 QQ：1175621129

耐人寻味的是,人类除了"食色"之外,最熟悉的东西也许当数服装了。事实也是如此。几乎所有的人自降世以来便被"衣"这种东西包裹,从此相伴终身。所以衣着行为是人类最普遍的行为,以至衣裳也平凡得让人忽视,甚至轻视。

大约20年前,当改革开放的高校刚刚要开设服装专业时,竟令某些人大惊失色。有人不无轻蔑地认为:小裁缝岂能登大学讲堂!其实谬也。

服装,倒是颇有资格将自身视为一门学科,一门边缘学科。它涉及面甚广,包含有材料、结构、工艺、设计、色彩、图案、构成、美学、史学、人类学、社会学、心理学,还有服装CAD、营销、CI、展示等等,有时很难将其归为艺科还是工科。毋庸置疑,服装作为人类生产、生活本身的实践已存在了几千年,只不过对其理论的探究,则是较晚才开始的。

最早讨论服装理论的是哲学家、人类学家、美学家,他们关注的是人为什么穿衣,也就是服装的起源和功能。黑格尔(Hegel)在他那部三卷《美学》里提到:"时髦样式的存在理由就在于它对有时间性的东西有权利把它不断地革旧翻新。"诚然说得十分哲理。他又说:"除掉艺术的目的以外,服装存在理由一方面在于防风御雨的需要,大自然给予动物的皮革羽毛而没有以之给予人;另一方面是羞耻感迫使人用服装把身体遮盖起来。"不过,他的德国同胞、人类学家格罗塞(E.Grosse)不这么认为:"……所以遮羞的衣服之起源不能归之于羞耻的感情,而羞耻感的起源倒可以说是穿衣服的这个习惯的结果。"这是他在《艺术的起源》中的精彩议论。以后,像弗吕格尔(J.C.Flugel)、拉弗(J.Laver)等学者都在服装的深层心理、美学等理论层面作出了卓越的探索。

服装设计教育的逐步完善是在第二次世界大战以后。现代设计教学晚于设计本身也是十分正常的。因为工业设计的教育仅仅始于上个世纪20年代的德国包浩斯,可以作为工业设计范畴的现代服装设计也是从这一体系里派生出来的。人们从服装的板型、裁剪工艺逐步上升到设计的理念、史论的研究,现代营销手段的研究。从纤维材料到服装销售、从流行趋势把握到衣着行为研究,这是个教学体系,也是一项系统工程。

中国的服装教育是在困难中、在某些偏见中探索成长的,并已经取得了一些成果。我们有艺科的模式,也有工科的模式,这与发达国家的服装教育类似。但我们尚未建立具有中国特色的模式及各院校的特色模式。有鉴于此,我们编撰了本套丛书。

本套丛书聘请了国内诸服装院校的教授参与编著,其内容涵盖了服装教学的诸多方面。当然,我们不奢望成就一座大厦,但愿意为之添砖加瓦。

袁仄　2002年1月于北京

苏 永 刚

苏永刚，四川美术学院设计艺术学院副院长、教授，重庆市中青年骨干教师。现任中国美术家协会服装设计艺术委员会委员，中国服装设计师协会常务理事、学术委员会主任委员，亚洲时尚联合会中国委员会常务理事，中国纺织服装教育学会理事，重庆服装服饰行业协会副会长，重庆工业设计协会服装设计专业委员会主任，重庆服装设计协会副主席等职。

目录

男装概述

　　长期以来，世界时装的发展，显得"重女轻男"。在较长时期内，男性服装表现得较为标准化、程式化，在正式社交场合多是西服、礼服等套装，而女性服装则是千姿百态，变化多样。可以说，20世纪世界服装发展的历史，几乎是一部女性服装的发展史。

　　男性服装作为世界服装发展的一个重要组成部分，对世界服装的发展以及男性着装观念的形成起着积极的作用。在男性对人类社会的文明与进步作出巨大贡献的同时，男装也越来越多样化和个性化。特别是第二次世界大战后，随着妇女广泛地介入社会生活，男性服装受到女性服装的影响也变得丰富多彩。因此，我们应该对男性服装的发展有一个较为细致、全面的认识，更好地把握男装发展的命脉，我们的设计才能更为积极、主动。

意大利设计师[摩斯奇诺]前卫时尚作品

意大利设计师[费瑞]作品

第一章　男装的回顾与发展

男装在19世纪早期曾非常奢华。在路易十四、路易十五时期，男性皇室成员和贵族的服饰是相当的繁琐，甚至超过女性服装，而且那时男女服装之间的区别本来并不大。战争是使男性服装向简单化、功能化方向发展。20世纪以来服装的发展变化与我们现代人的关系最为密切，与现实生活最为接近。对20世纪男装发展的回顾，使我们对男装在该世纪的发展变化历程有了一个理性认识，对当今的流行时尚有了一个清晰的思路，并能作出相应的分析和判断。

男装在20世纪头十年中的变化并不大，与19世纪90年代差不多。长期以来，女装的中心在巴黎，男装的中心则在伦敦，当时衣着讲究的男士们都到论敦订制服装，这种情况一直持续到70年代，男性服装的中心才逐步转移到巴黎。

20世纪初期的男士着装

20世纪初期上层社会男士的正式着装

20世纪初，上层男士的服装同女装一样，也需花费很多的人力去料理帽子、外衣、礼服等，而且穿脱频繁，日更数次地着装。不过，当时服装式样的变化并不大，与现代的"三件套"西服套装大同小异。当时西装的上衣在腰部不收褶，完全笔直地下垂，较为宽大，前襟采用双排

20世纪20年代的男士郊外休闲着装

17世纪～19世纪的王室男士着装

扣。裤子臀部和大腿裤管都较宽，而到小腿和足踝关节处则比较窄小，裤脚向上折起一道边。衬衣是高领竖起且不下翻，只是在喉结前面有一点褶（即礼服用衬衫），外套里面是双排扣的背心，领口处有种常见的饰物——领带或领结。领结通常较大，在领结中间还要镶颗小钻石作为装饰。外套面料以高级毛料为主，颜色较深，常见的还有条纹、人字纹面料。外套大衣有两种类型：一是驳领式翻领长大衣，二是领口封紧的斗篷式大衣。（见上图）

1914 年~1918 年，欧洲大陆爆发了第一次世界大战，几乎所有欧洲国家以及美国都被卷入了这场战争。战争对欧洲社会的政治、经济、文化、艺术都产生了深远的影响，对服装行业也不例外。战争期间，从军作战的绝大部分是男子，因此男性服装受战争影响特别大。那时的军服和现代军装已很接近了（见右图），不同的一点便是马裤及绑腿的使用，军官用皮绑腿，士兵则用布绑腿。为适应全天候的战争，军用雨衣在第一次世界大战期间得到了广泛运用。这时服装的功能性较强，对后来的男装产生了较大的影响。军服的颜色多用灰褐、黄绿等保护色，以适应特殊环境的需要。卡其布在军服的运用也渐趋广泛，因它具有耐磨、透气、吸汗等性能而适应作战环境之需要。而男性礼服的式样变化不大，与前 10 年相比，没有实质性的改动。这时男性头发剪得较短，留小胡子较为流行和时髦。

1920 年~1930 年，因战争造成的欧洲经济大萧条，使整个欧洲经济一蹶不振，这是贫富差别越来越大的 10 年。这 10 年，男装保持以往西服套装的基本风格而没有本质的变化。当时许多男士从事商贸等活动，他们深感整齐刻板的西装不太适应室外工作，于是便加上一双羊毛长袜子，套在西裤外象绑腿一样，这种着装是从第一次世界大战中的军用绑腿得到的启发（见右图），这是当时非正式服装的一个重要特征。此外，20 年代，帝国主义疯狂掠夺世界，大批英、法、德等殖民者远征非洲、亚洲，他们所到之处多是靠近赤道的热带国家，气候炎热，因而对服装在防暑、通风、透气等方面就有很高的要求，白色的西服套装就在此时开始出现了，剪裁上和其它西装没有什么区别，但面料则

第一次世界大战时期的军官制服和军用雨衣

20世纪初期的宫廷王子着装

非正式的男士常礼服

20世纪初期穿肥大灯笼裤、套羊毛长袜的男士着装

20世纪初期穿肥大灯笼裤、套羊毛长袜的男士

20世纪初期的男士运动休闲着装

白色套装

采用白亚麻等较为凉爽的透气面料，还配上白色的软木帽子用来遮太阳（见左图）。从此，服装史进入了重要的10年。

1930年～1940年是服装发展非常重要的时期。一场极其严重的经济危机席卷了西方国家，不仅沉重地打击了英、法、德等欧洲国家和亚洲的日本，连当时被视为最强盛富裕的美国也未能幸免。由于法西斯的蠢蠢欲动，终于在30年代末发动了第二次世界大战。这10年对整个人类历史的影响都是非常巨大而且深远的。这个时期的服装也是非常有特点的，它对现代服装业有着重要的影响，虽然整个资本主义世界面对经济危机的沉重打击和世界大战的严重威胁，形势十分严峻，但服装方面却为现代服装设计奠定了很多重要的基础和原则。

30 年代，男性西装主要突出横向效果，裤子较为宽大，肩部加垫以突出肩宽。前片的翻领也做得较大，但基本保持了上大下小的形状。男士在一般日常工作时穿的是和现在较为相似的翻领衬衫，并系领带。正式场合仍以西装、西服套装、燕尾服式的礼服为主，而且在晚会上穿着礼服时，衬衫仍是竖领前面翻折并配领结。另外，电影明星的装束也成为时髦年轻人崇拜的着装偶像。面部刮得干干净净，不留胡须，头发剪得很短，衣服整洁，露出洁白的衬衫袖口，配上礼帽、领带等，这种衣冠楚楚的风度是 30 年代所有男性所崇尚的，也成为男性着装的一种传统。

1939 年，德国向波兰发动大规模的进攻，第二次世界大战爆发。随着 1941 年日军偷袭珍珠港，美国参战，二战全面展开。整个欧洲弥漫着浓烈的战火硝烟，以巴黎为中心的欧洲时装业遭到了沉重的打击和摧残。

由于战争爆发，大批的青年男女从军，走向战场。参战的国家比一战更多，地区比第一次世界大战期间更为广泛，人员也更多。美国当时号称"民主国家的军工厂"，向参战各国提供大量武器、弹药等各种军需品，并为多个不同国家的军队提供装备。在这种情况下，美国开始组织力量对军用品进行较为系统地研究，并在服装的卫生性及保护性功能、人对服装的适应性、服装规格尺寸的标准化、服装标志识别等方面作了大量细致的研究工作。在这一阶段中，服装在标准化、功能化方面有了很大的发展。

30 年代衣冠楚楚的着装

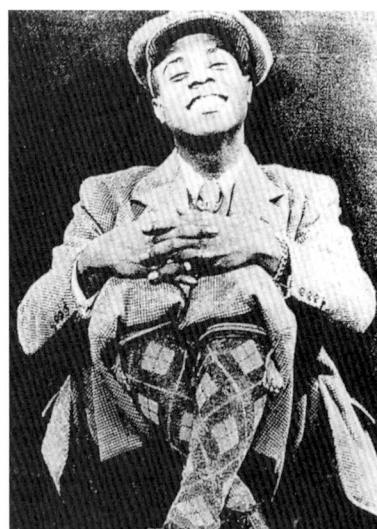

30 年代流行歌手的着装

30 年代的王室军用制服

40年代的男士运动休闲

40年代的男士着装

战争期间，男装以军服为主。二战时期，各国军服变得更加功能化，军队装备日趋机械化，空军迅速成为重要的作战力量。由于作战的军官们大部分时间是坐在坦克和吉普车里而不是在马背上，于是以往的马裤、长靴都留到某些特别场合穿用，平时则穿束腰短上衣、扎皮带或穿茄克式军装配长裤。这时皮制军用短靴或齐小腿中部的高帮松紧靴的穿用非常普遍。在英国，空军飞行员最受崇拜，被称为"美男子"。皇家空军飞行员们身穿飞行茄克，围着各自喜好的丝绸围巾，足蹬飞行靴，留着八字胡，这种装束带领了一种时尚。美国士兵们穿着卡其布料的军用茄克，头戴钢盔，当他们被派往英国后，漂亮的军服、大手大脚花钱的派头和在舞厅潇洒的舞姿，对当时男女青年很有吸引力。

战争结束后，人们开始重新重视自己的穿着。世界面临一个新的发展阶段，从战争的痛苦中解脱出来的人们急切地追求新的生活方式和新的文化观念，服装设计也因此取得了很多有意义的突破。风衣、礼帽、黑皮鞋、笔挺的西装等着装方式，表现出人们对和平的向往和追求。美国战后男孩的服装对现代的男性服装有着一定的影响，战后的男青年喜欢穿无领的圆领衫，即"T恤衫"，还喜欢穿颜色鲜艳并印有图案的运动衫，这类运动型服装广泛穿用在七八十年代，并成为流行狂潮。军队风格在70年代男性服装中重新抬头，这个时期的男学生喜欢显示自己的男子汉气质和军人风度而偏爱一些类似军装的服装。战后男士们很少戴帽子，因此对发型越来越重视，以短发、小平头、小分头较为流行。

40 年代末期，全世界的服装工业都得到了发展，虽然原材料和资金仍然短缺，但总的状况有所好转。

进入 50 年代，社会经济得到了新的发展，展现出新的活力，人们的生活水平有了较大的提高。对欧美各国来说，整个 50 年代是经济不断发展、生活不断改善的年代，人们有了更多的钱去购买各种消费品，其中包括服装。于是在 50 年代里，对服装的需求量就越来越大了。随着各种人造纤维材料如涤纶、丙纶、尼龙等在 50 年代后期大量上市，使得服装的式样、风格变得更为多样。而正式的男装变化依然不大，仍保持着较典雅的风格。这时期，英国设计界在男装方面的影响较为突出，其中较典型的是三件套服装，配上领带、礼帽、手杖，一副绅士派头，反映出男装的基本风貌仍是以稳健为主。不过，战后的年青人已开始有了新的追求，他们不满足于传统的文化、习俗及服装，而喜欢更有个性，更加外向的装扮。那种式样简单，色彩鲜艳的双排扣茄克衫、外套、薄斜纹呢的窄脚裤，成为当时青年人服装的主要潮流。为了强调个性，很多青年人在上衣胸袋处绣上了军队或俱乐部的标志徽章。

随着 50 年代中期的广泛就业和经济繁荣，不仅中上层人士讲究衣着仪表，而且青年工人也有了更多的钱花在服饰打扮上。上穿长而宽松的茄克，系上很细的丝条领带，窄脚裤仅及踝关节，露出花俏漂亮的袜子，下穿一双生胶厚底鞋，这是当时青年人流行的时髦搭配。这时期，欧美的年青人，特别是青年工人有不少人买了摩托车，而与之相配的皮茄克、皮裤和皮靴也随之风行起来，这些服装的出现和流行可以说是一个新时期的开始。

50年代的男士着装打扮

50年代男士更具功能的运动服

摩托车和与之相配的服装深受青年人喜好

50年代较为正式的男士着装

深受青年人喜好的皮革茄克

50年代较有个性的青年着装

　　此时的劳工阶级已不再停留于追随模仿上层社会的打扮，他们已有了自己的时髦追求和流行服装，而且这些服装对全社会都具有相当的影响，这种趋向在以后的年代里更加突出。

　　与女装相似，在引导男装，尤其是青年服装方面，流行歌星和电影明星也起到很重要的作用。

　　在50年代时装发展中应特别提到的是意大利，从过去一直限于模仿复制巴黎时装，一跃成为新的世界时装中心。50年代晚期，意大利设计师在男装方面花了相当大的功夫，与英国西装的爱得华风格相同，他们设计的男式西装肩部较宽，但并不像美式橄榄球服那样垫得方方正正。袖子的剪裁使肩线得以延长，采用小而高的翻领，佩戴窄窄的方头领带，更突出了上装的宽度。他们设计的茄克装方正、直身，比通常的男服显得更年轻、更具时代感，且少有阶级意识，是战后首次真正为男士们设计的现代款型。因此，意大利风格很快成了国际潮流的男装中心。

"动荡的60年代"是本世纪最有特色的10年之一。战后科技飞速发展，微电子技术、宇航技术、遗传工程和计算机在这10年中取得尤其重大突破，集成电路板取代了晶体管并迅速向高密度、大型化发展。1968年人类首次登上月球，美国太空人在月球上漫步……这些都标志着世界进入一个新的时代。与此同时，战后出生婴儿的成熟使整个社会迅速年轻化。他们对社会、对生活都有许多更富挑战性的要求，他们对社会的影响比以往任何一个时代的青年更大，尤其在流行音乐、舞蹈及服装时尚等方面更令人瞩目。由于社会的动荡，年青人的成熟以及他们对传统文化的不满，他们开始向传统习俗甚至传统服装提出了批评和挑战。在发型、化妆等方面提出了自己新的要求，后来出现的"嬉皮士"运动就是这种反传统、反文化趋势的产物。

50年代的意大利风格男装

60年代强调腿部的男士瘦型裤

1963年以后出现的各种服装，从总体来看，在设计中追求的是让年轻人更富青春气息，更能体现出朝气与活力。此时的长裤和与之搭配的套装流行很广，如牛仔风格的"西部裤"受到了青年人的普遍欢迎，这种较为齐备的"西部裤"常由粗棉布衬衫、瘦脚裤、小背心、披肩领巾、宽边牛仔礼帽、皮靴等组成。在以后的20多年里，这股西部风格的狂热成了时装中的一大潮流，并一再兴起，并且从青年服装扩展到成人服装和童装的范围。除此之外，当时的整个趋势都是追求让年轻人匀称且富有弹性的躯体得到强调和表现，所以不少年轻化的服装都被设计成紧身，这与60年代初的宽松风格形成了对比，不过此时的紧身重点是强调腿部而不是胸、腰部分。50年代，不少年轻人开始穿皮革外衣，到60年代，皮质更广泛用于服装。随着皮革染色技术和制革技术的发展，用皮革制成的大衣、西装、外套纷纷出现，颜色也非常漂亮。一些合成材料，如人造革制成的仿皮服装，也从60年代开始比较普遍，并引出一些新的服装潮流。

1963年的披头士乐队

60年代后期受意大利风格影响的男装

1964年前后，摇滚乐在青年中间广泛流行，如"披头士乐队"，这种精力旺盛的强劲音乐在年轻人聚集的各种公共场合都能听到，它同时也影响了年轻人的服装。各种打破常规的不分阶层的服装成为年轻人交往的常服。此时的男装，对于较为保守和稳健派人士而言变化并不大，仍然是较正规的西装。在剪裁和设计方面都是遵循由战前一直保持下来的风格。男式西装式茄克仍沿袭着50年代末期的意大利风格，但线条变得更简练并略为加长，而较新潮的男装，剪裁更为贴身，更男孩子气。衬衫领较小，领角较圆，白衬衣已不那么时兴，色泽鲜艳的条纹衬衫却很时髦，黑白或蓝白色的方格布也很流行，穿着时通常与针织的窄领带配用。短大衣和雨衣则流行直腰身，长度为膝上几英寸。

60年代后期，整个西方社会的气氛发生了很大的变化，早期的热情与活力逐渐衰退了，积极好动的年青一代不再那么自信。越战的恐怖场面通过彩色电视，活生生地闯进了温馨的小家庭，使人震惊。此时年青一代更加希望有一种新的生活方式能逃离充满物欲的世界。人们开始热衷吸毒以逃避现实，吸毒人数激剧增加，还有一些则转而崇尚个人主义、东方宗教和迷信。60年代下半叶出现的"嬉皮士"运动，体现了当时青年一代躁动不安的精神状态。

经过60年代的大动荡，进入70年代，整个西方社会发生了重大的变化，以滞涨为特征的经济危机出现了。这是以前所有"福利国家"的膨胀式对策都无法解决的。而另一个具有重大影响的因素便是1973年爆发的席卷西方世界的能源危机。整个西方世界的石油供应短缺，在政治上、经济上都产生了非常深远

60年代中后期的男士短大衣

早期的"朋克"着装

70年代中后期的"朋克"装束

的影响。因能源危机及其它经济因素的影响和限制，使得在科研经费上的开支被削减，科技进度缓慢下来，从而影响了经济的发展。70年代，经济发展的速度就整体而言比60年代慢了许多，这对于服装的演变也是有影响的。

在70年代，牛仔裤成为男女老幼皆穿的生活服。牛仔裤功能性强，几乎没有年龄、阶层的界限，虽然它的广泛性会随着时间的推移有所减弱，但看来似乎永远不会消失。70年代前半期，越战导致了青年一代强烈的反战情绪，然而与这种反战情绪非常矛盾的是军队服装却成了年轻人十分着迷的新潮流，军服化趋向也成为当时的一个重要流派。70年代末开始在一些下层的年轻人中出现的"朋克"风格，对70年代的服装设计也有一些影响。这种对离奇、变态、怪诞的追求，反映了部分青年精神上的空虚迷惘，不过这只是服装中的一股支流，并不为大众所接受。

男装经过"嬉皮士"运动，进入70年代以来，又逐步趋于稳健。此时的男式西装和以往相比，整体上变化不大，但剪裁更为考究，做工更为精良，面料以纯毛料为主。男装中的另一发展趋势是许多工作服演变成正式服装，如打猎的猎装、一般工人穿的茄克装等，都演化成男式时装。随着生活方式及价值观念的变化，越来越多的人不喜欢正统和规范的生活方式，而喜欢较为随意自在的生活方式。工作服即符合这种倾向，又特别具有功能性，所以工作服式样的服装很快就被人们广泛接受了。这反映出社会阶层的分划及观念上的变化，这种工作服式样到了70年代后期已成为仅次于牛仔裤的最为流行的一种日常服。

70 年代，越来越多的人投入体育运动，"生命在于运动"的口号传遍全球。各式各样的运动服也随之在七八十年代进入了时装市场，运动服装不仅易穿脱，易洗涤，而且行动自如，存放简便，它以健康乐观的气派，成为在各种场合下均可穿着的日常服装。以前在办公室里穿登山服、运动衫是不可思议的，但到 70 年代则司空见惯。

70年代初期的〝初吻乐队〞离奇装束

70年代后期受青年喜好的〝T恤〞

广泛参与运动使运动鞋的功能有了进一步发展

更为随意的外套

1979年以后，世界时装的变化很大，男装的变化也是前所未有的。进入80年代，现代服装正朝着更为多元化，更重人情味，更强调功能与形式统一的方向发展。从本世纪以来时装发展的历史里，我们可以看到一幅丰富多彩、变幻无穷的画面，并可以感受到时装与时代，与政治、经济、文化等方面的千丝万缕的联系。功能与形式的高度统一，满足现代人生理、心理两方面不断提高的要求，是时装设计的重要原则，也是把握时装发展总趋向的指南针。

深受青年喜好的″牛仔裤″

70年代后更具功能化的″风衣″

90年代后期前卫时尚的男装

深受青年人喜好的 "皮茄克" 和 "皮鞋"

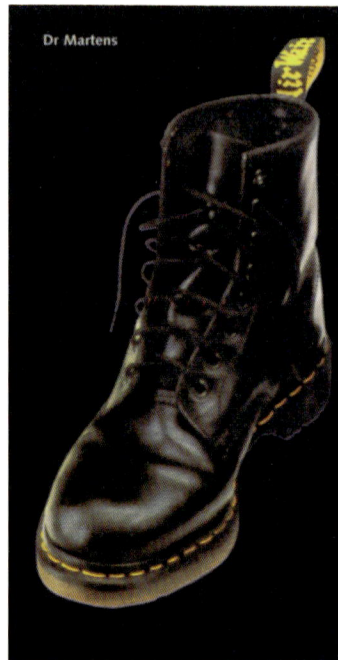

21世纪的前卫时尚男装

第二章　男装的分类与特点

对男装的分类,我们可以从着装用途、着装风格和使用材料上进行大致划分。通过男装的分类,我们可以了解各种类型的男装在设计上、款型上、结构上、功能上的一些基本特点,以及着装方式、着装场所、着装目的方面的要求。

现代西服款型与着装

第一节　用途上划分

我们在对男装从用途上划分为几大类的同时,把这些类型的服装在性质、特点、穿着和设计上的要素加以分析,以便对这一类型的服装有更加明确的认识。

一、礼服

礼服作为参加社交礼仪活动时穿用的服装,在设计、面料、着装方式以及服饰品的配搭上都具有规范性。

礼服有白天穿用的与夜间穿用的两种,同时又分正式礼服和半正式礼服。因此必须注意穿着礼服的正确性和时间性,包括服饰配件、附尾品的使用搭配方法。

1.正式礼服

①燕尾服

燕尾服是指在夜间18点以后正式穿着的礼服。主要是在王宫或宫廷、国家性的仪式或典礼上穿用,在欧美常在夜间的仪式、正式的宴会等场合穿用。我国的古典音乐演奏会,几乎都是在夜间举行,演奏家及美声歌唱家正式演出时常穿这一类服装。正是由于这类礼服的优雅华贵,庄重严谨,才使它在正式

社交场合广为穿用。

上衣以黑色或深蓝色的面料为主。领子是半尖领或丝瓜领,驳领面须加盖一层领绢。上衣的前长与背心相当,左右各有三个装饰钮扣,后片下摆成燕尾状,在腰围以下开叉。背心为白色,领为低开大翻领。

裤子面料与上衣相同,裤脚为手工挑边,在裤的前后片侧缝处镶两条装饰用的色带。

衬衫为白色的贴胸,领是前褶翻领,配白色蝴蝶结。手套也是白色的。帽子是带有光泽的黑色面料,并在绢表面配有羽毛,而坚硬的圆筒状帽冠上面是平坦的,帽沿稍微上翘,有的装有弹簧用于帽的折叠。皮靴和袜子也是黑色,上装口袋装饰的小方巾为白色麻质面料,衬衫门襟上的钮扣与袖口上的

装饰钮扣通常以珍珠为佳品。除正式的礼仪活动和宴会时需穿用燕尾服外,葬礼的时候也要使用白色的蝴蝶结和白手套。

燕尾服

19世纪后期的男士礼服

②晨礼服

晨礼服是男士白天穿着的正式礼服，与女性的午后装（午后礼服）的性质相同。它是参加仪式或结婚典礼时的礼用服装，也可作为告别仪式、丧葬活动穿用。近年来男装的简洁、朴素化趋向，使原来晨礼服的穿着场合多被黑色套装取代。

晨礼服以黑色的礼服面料为主，领子为尖驳领（或叫枪驳领）。前片为一个扣子，从前片到后片逐渐弧线倾斜，后片与燕尾服相同。前后衣片从腰围侧下摆开长叉。

裤子使用灰色与黑色的条纹裤用面料，裤脚为手工挑边。

背心与上衣同面料或灰色法兰绒面料，而夏天多以白色面料做背心。

衬衫用白色的面料，领型是带领座的翻领，领带以黑色条纹或银灰色为主，但葬礼时必须使用黑色领带。手套使用白色或灰色面料，参加葬礼时必须用黑色或灰色手套。靴子是非常简洁而不带任何装饰的黑色皮鞋，袜子也是采用与鞋配套的黑色。帽子是大礼帽，或带有帽沿的中折帽，或黑色的中折帽。上装口袋装饰用的小方巾为白麻或白绢。袖口装饰钮扣多采用纯金，珍珠或宝石。

晨礼服（白天正式礼服） 夜间准备服（半正式礼服）

19世纪中期的上层男士礼服

2.半正式礼服

①晚会用半正式礼服

由于男士除了白天忙于公务外，夜间还将出席一些社会性的交际活动，如宴会、观剧、舞会、婚宴等场合，而晚会用半正式礼服正是适合于夜晚的社交用服。这类礼服被广泛使用，与女性的派对装、鸡尾酒会服为同一类。晚会用半正式礼服也称正餐夹克、晚礼夹克，通常用于演艺人员的午后用装，或年青人派对时的轻松着装。

上衣面料为黑色或深蓝色，门襟为单排扣或双排扣，领子为尖领或丝瓜领。在夏季，驳领上须镶一层黑色的领绢，而领绢的面料多以绢或绸缎为主。

裤子是黑色或深蓝色，在前后片的侧缝处，通常镶一条装饰用色带。

背心面料与上衣相同，或是黑色织纹的丝绢。礼服用背心通常用大开领，但近年来背心常被省略，而使用饰带、装饰腰带等。衬衫为开胸并在前片加绉褶。领带是黑色的蝴蝶领结或有特色的领带。手套为灰色的皮手套。鞋子是普通的黑皮鞋。上衣口袋有一张白麻的装饰用小手绢，但穿白色上衣时手绢使用黑底的丝绸或纯棉布。袖口装饰钮扣常用条纹玛瑙为装饰。如果被邀请人的请帖上写着"穿用黑色领带"，即穿用夜用准礼服之意。

19世纪末的上层男士礼服

意大利设计师[阿玛尼]作品

②黑色套装

    黑色套装是指黑色的双排扣或单排扣的西服套装。黑色套装本来并不是礼服，但近年来作为晨礼服或夜晚半正式礼服的代用礼服，在结婚典礼、派对、告别式等场合被广泛穿用。即使是在正式场合，只要对服装没有特别的指定，穿黑色套装都适合，所以黑色套装显得非常方便，被广泛穿用。面料以纯毛面料为主，款型与西装完全相同，只是在制作工艺上更加体现优雅豪华。上衣通常为单排扣西服，也可做成一颗扣的枪驳领样式或双排扣样式，虽然双排扣有六颗扣，但只扣两颗，其它作为装饰性钮扣，也有做成四颗扣而扣一颗的式样，这都取决于穿着者的喜好。裤子为传统的西裤，大腿以上到腰部须加里衬，缝合处须包边，服装的配饰与晨礼服相同。

③丧服

丧服作为特殊环境条件下穿用的服装，为了体现其庄重性和严肃性以及对丧者家属的尊重，着装上以黑色面料为主，而黑色套装在这一场合下更为适合。如果穿晨礼服参加丧礼，这时裤子、背心都用黑色的即可。穿黑色套装参加丧礼时，领带、手套须选用黑色或灰色，还需在左臂配带黑色丧纱。若佩戴大礼帽、绢帽，还须将与丧纱同样的青纱布卷在帽子之中配戴，这种配戴方式被认为是正式的方式。通常的穿着是黑色套装配上丧纱。

随着服装的简化，在出席葬礼时一般穿着深色套装为宜，同时应避免着装的艳丽及服饰品的花俏，就像出席告别式时咖啡色系统的服装或鞋子要避免，这也是参加此类活动的基本常识。

白天准备服　黑色套装（双排扣）　黑色套装（单排扣）

二、日常服

礼服是因有穿着上的规定，所以在穿着上须遵循其惯例。而除制服外，日常服可以自由选择衣料、设计服饰品等。

职业男性在上班或交际中几乎都穿西装，虽然西装在款型上的变化不大，但在领型、袖型、衣长、袋口、面料以及细节工艺的处理上也反映出一个时代的流行风貌，如近年来流行的窄身、短驳领、西便装等。男性在出席较为正式的场面应考虑西装的颜色、衬衣、领带、皮鞋、服饰品的协调，以显示着装者的文化素养和身份。但随着社会的进步与发展，不论是西装还是便装，在穿着上将更为自由和丰富。

意大利设计师阿玛尼作品—男士休闲

1.外出服

外出服是一种适合都市氛围，明朗而轻松的西装。它在款型设计、面料使用、工艺处理方面都应体现流行的美感，从而充分体现着装者的个性以及轻松愉快的心情。也可以改变上衣与裤子同色的传统着装方式，不过这种配搭应充分考虑上下装的协调性，这是一个人在着装修养方面的体现。

作为外出服的西装，款式上可以是单排扣或双排扣，裤子的裤脚可以是反褶或不反褶，背心可用与上衣不同的面料制作，这样在单穿背心时也能显示着装者的风范。

单排一颗扣西装　单排二颗扣西装　　单排三颗扣西装　　　枪驳领双排四颗／六颗扣西装

BYBLOS　　SMALTO　　CERRUTI 1881

现代西装与着装

2.办公服装

办公服装是适合工薪阶层的上班族或办公者的实用性西装。衣料的色调是选用较为稳重的无花单色或暗条纹面料。款式可做成上衣、背心、裤子三件套或上下的单套装。如果服装的颜色朴素而深沉，可配颜色较为明快华丽的领带。上衣的袋口可用贴袋代替传统的暗袋，使整个服装在稳重中流露一丝轻松。

3.运动服

运动服是指参加运动竞技比赛和观看比赛时穿用的服装，它的种类很多，如狩猎服、骑马服、登山服、滑雪服、棒球服、足球服、橄榄球服等。还有专为运动团体作为制服而穿用的运动型西装，这类运动型西装在重大比赛的开幕式上常用。它采用较为鲜艳的色彩为服装面料，在胸前佩带所属国家、地区或俱乐部的标志、徽章，款型较为宽松和自由。运动型西装并非是在运动时穿用的服装，而是在观看运动比赛时穿用的，也可用于旅行以及轻松

20世纪初期的男士运动装

散步。

运动服装在设计、工艺处理、面料使用方面都非常考究，甚至考虑相关体育器材。因此必须熟悉您所设计的项目是室内还是室外，是春夏季还是秋冬季，是单人项目还是集体项目，它的运动特点、竞技强度以及实用功能和安全功能等因素。材质上可选择结实、质轻、透气、保暖性能好，不易褶皱的面料。色彩上可用单色或带有几何图形的组合色彩，也可根据运动的场所、季节、环境来选定颜色。运动装就在整体上给人轻松、愉快、活泼向上的感觉。近年来一些热门的体育

上下装　　　　运动型西装

项目，如足球、篮球、赛车等，都是由一些知名的品牌公司为其赞助或专门为其设计制作，如耐克、阿迪达斯等体育用品公司，这些品牌公司赞助这些热门且观看率高的项目，一是体现该公司实力，二是通过这些项目取得一定的广告效应，扩大品牌的知名度，提高该品牌的市场占有率。由于这些品牌公司长期从事体育用品的开发与研究，在经营理念与产品营销上有着严格的规定，因此这些品牌也深受体育团体和个人的喜爱。

20世纪初期的男士运动休闲装

20世纪初期的男士运动装

4.郊外服

郊外服是能轻松穿着的一类服装。这类服装在设计上较为自由，款式轻松、柔和，如便装夹克、假期夹克、简易上衣、装饰配色的双色夹克等。这些服装充分考虑了郊游者的休闲心理，便于活动以及便于穿脱的实用功能。这类穿着自由和变化多样的活动衣、郊游衣将会随着双休日的出现，假日旅游的兴起，给繁忙的上班族一个轻松、便捷的休闲生活。

5.制服

制服是以功能性为主，注重职业性质、职业特点、职业环境和面料使用的一类服装。如学生服、工厂的工作服，军队、警察、铁路、消防等职业性很强的工作制服，以及注重团体规范和行业形象的制服，服务类的宾馆、饭店、专卖店等职业范围较为固定的制服。

制服设计应体现该行业的精神面貌和行业特点，好的制服能提高工作效率，体现企业形象，便于现

团队制服

代化管理，增强职工责任感和荣誉感，缓和工作环境之紧张气氛的作用。

6.休闲装

休闲装是近几年较为流行的一种着装方式。它以体现轻松、愉快的休闲为目的，穿着较为随意，款式以简洁大方的夹克、便装为主。由于休闲方式和休闲品质的不同，在选择休闲装时可根据自己的休闲目的而着装。休闲装的面料多以牛仔面料、砂洗面料、条纹或格纹的棉质浅灰色面料为主。色彩组合上可以把单色、拼色、多色、镶嵌等多种材料组合。不过应注重色彩之间的配搭和服饰品之间的协调性。在设计上应结合流行趋势、流行面料、流行色彩的运用，体现休闲者的时代气息。

1967年进入巴黎男性高级时装界,有着举足轻重的意大利设计师[尼诺·塞路提]的休闲男装作品

7.裤子

裤子从长短上有长裤与短裤之分；从功能上有马裤、滑雪裤、运动裤、工作裤等之分；从裤型上分有直筒裤、喇叭裤、牛仔裤、萝卜裤、休闲裤等代表时代流行的裤型。由于女装有裙子类而男性下装主要是裤子，因此男装的裤子在男性着装上显得格外重要。男装裤子在款型和种类变化不大的情况下，对版型、缝制工艺、面料选择、细节处理等方面的要求非常高。很多男性往往注重上衣的选择而忽略对裤子配搭，这在男性着装上是很大的失误，某些时候裤子更能体现男性着装的文化修养和精神面貌。所以，男装在选择裤子时应注意与上衣面料、颜色、款式的协调，以及与服饰品如帽子、围巾、皮带、鞋袜等方面合理搭配，从而体现男性着装的风度与个性。

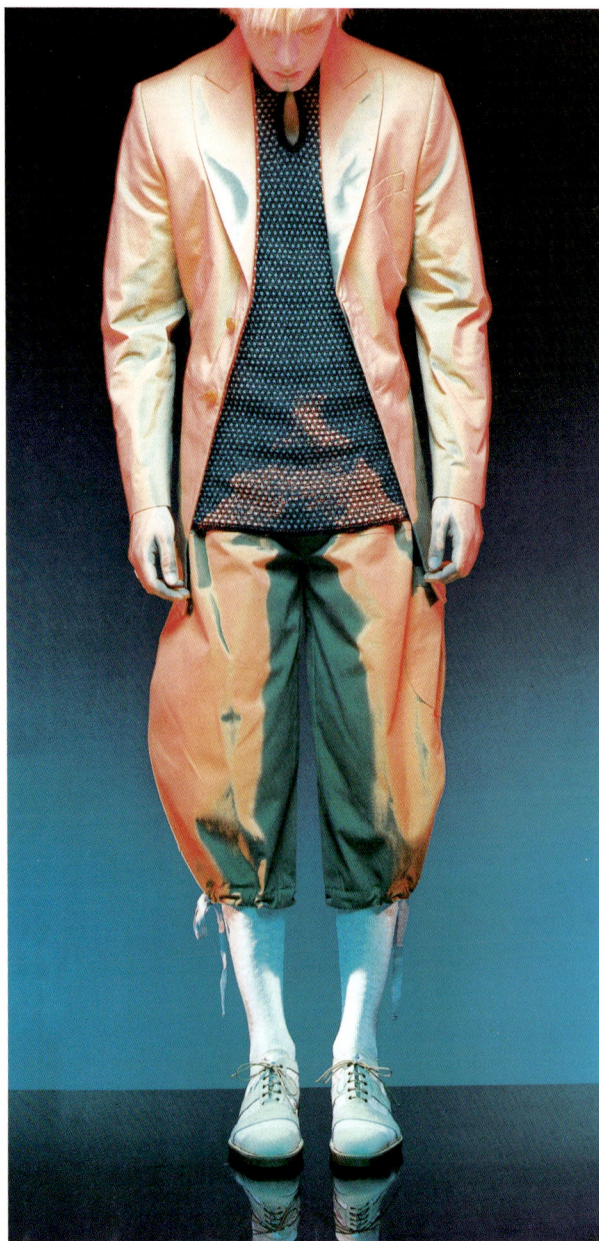

现代裤装与西式上衣的新组合

裤装创意—材料组合

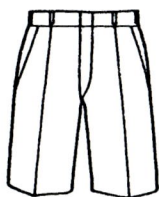

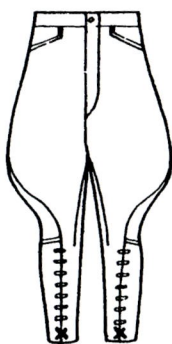

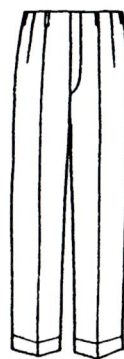

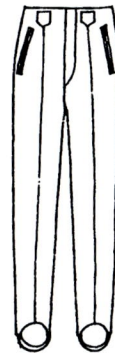

尼卡波卡裤(打高尔夫球时穿用) 短裤 马裤 高尔夫裤 翻边西装裤 挑边西装裤 滑雪裤

8.外套

外套从使用功能上可分为：防寒用外套，如呢大衣、防寒服等；春秋季外套，如风衣，短大衣等。从外型上可分为长外套、短外套、七分衣外套等。款型上有直身型和窄身型。袖型有普通装袖、连袖、插肩袖。领型有立领、翻领、驳领和双排扣大翻领等。外套通常在春、秋、冬三季穿用，因此它具有御寒和防护的功能，同时它还起到调节人体的体型不足等方面的功能。在设计上应充分考虑外套的季节性和便于穿脱性，以及外套与内衣着装之间的空间尺度关系。在面料使用上，秋冬季外套通常用雪花呢、粗纺呢、毛料和混纺面料，春季外套一般采用较为透气的棉、麻、真丝等面料。

外套作为男装的一个重要组成部分，它丰富了男性着装的变化式样，对男装的发展起着较为重要的作用，也深受男性的喜爱。

法国设计师[让·保罗·戈尔捷]作品

法国设计师[让·保罗·戈尔捷]作品

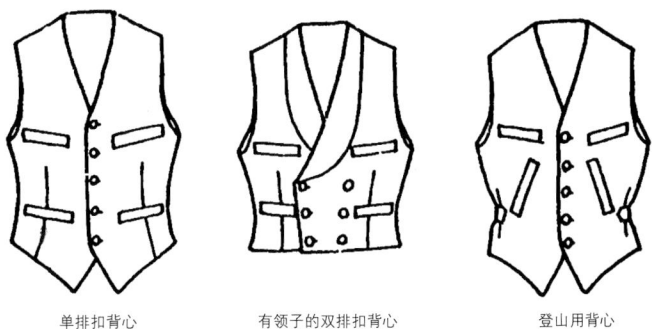

単排扣背心　　　　　有领子的双排扣背心　　　　登山用背心

礼服用背心U形　　　礼服用背心V形　　　　骑马用背心

背心的几种基本形式

9.背心

背心是男性穿着较为普遍的一种着装方式，特别体现在传统的西式套装中。背心的种类有使用燕尾服穿着的"V"型与"U"型背心，有晨礼服和夜间正式礼服穿用的西式背心，有单排扣的五颗扣或六颗扣背心，有双排扣的六颗扣背心以及双排扣有领的背心，也有以功能为主的登山背心、摄影背心或穿着较为随意的休闲背心。

背心最早是与西装、礼服配套穿着而出现的。随着社会的发展以及着装方式的多样化，背心与西装配套的着装方式已不是那么必须了。如休闲西装的单穿，甚至不与衬衣配套等都成为当今的一种时尚。当背心单穿时，除了注意背心的款式与功能外，还应注意在色彩上与整体着装的协调。

10.中山服

中山服有国服之称，在以往的礼仪性会晤、外交场合上广为穿用。随着改革开放和国际化的推进，西式套装已更多地取代中山装成为对外交流的主要着装。但中山装以它独有的款型以及适合东方男性身体条件的服装，一直深受东方男性特别是中华民族的喜爱。款型上它具有严谨、端庄、稳重、大方的特点，如同女性旗袍一样，是中华民族的象征。款式上上装领型对称平挺，口袋布局均衡，大小协调，后身平整流畅。面料以卡基、毛料为主，色彩多为深色和灰色。

近年来，中山服在保持原有风貌的基础上也有着向时装化变革的倾向，国外许多大师正是从中山服和旗袍上找到具有"东方情节"的设计灵感，并带动了一个时期的流行时尚。中山服以它特有的款型，成为具有东方文明象征的国际流行的服饰之一。

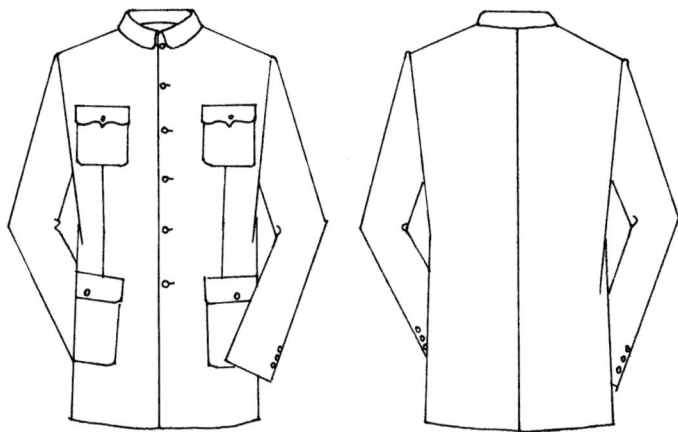

传统中山服

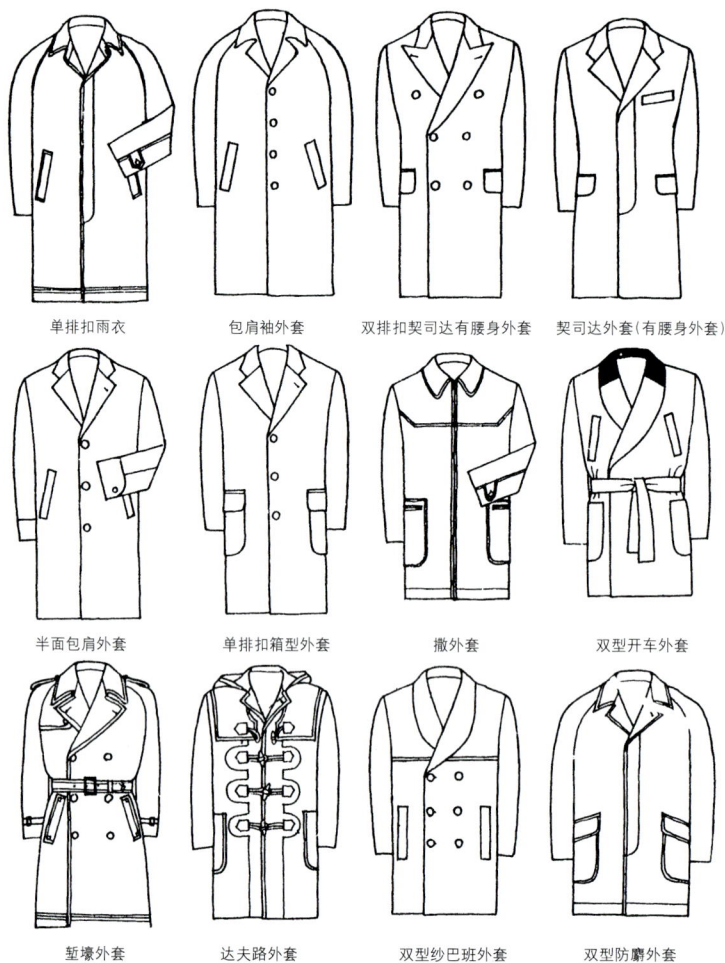

单排扣雨衣 包肩袖外套 双排扣契司达有腰身外套 契司达外套(有腰身外套)

半面包肩外套 单排扣箱型外套 撒外套 双型开车外套

堑壕外套 达夫路外套 双型纱巴班外套 双型防磨外套

外套的几种基本形式

11.中装

中装也称为对襟,在国外被称为唐服。款式上以对襟、暗襟、盘扣、葡萄扣为主。衣片上有插袋、开袋、月亮袋、表袋、贴袋等几种口袋类型。袖型为平面连体袖,领口为立领。后背分有背缝和无背缝两种,在前后片侧缝处开叉,缝制工艺以传统手工为主。面料通常采用真丝或暗花绸缎以显示它的高雅、富贵。由于中装是有穿着舒适、宽松、便于活动的特点,经常被中老年人休闲或晨练时穿用。

2000年-2001年秋冬·巴黎流行时装发布

第二节　形态上划分

一、内衣类

一套完整的着装须从内衣开始。内衣要合乎其保持清洁与健康的目的，既要使肌肤感觉良好，要有透气性、吸湿性，还应有耐洗而结实的面料以及精巧的工艺。

内裤有纯棉内裤、真丝内裤、针织内裤。男式内裤在前裆处需加一块衬布，内侧有松紧以符合身体条件。另外还有夏天用的纯棉短衬裤及冬天用的针织长衬裤。

内衣有夏季穿着的无袖运动型内衣，也称运动背心，这类背心是青少年夏季常穿用的。而成人通常穿棉质前片开叉口的汗衫、圆领型的短袖汗衫或 T 恤衫等。冬季则穿长袖的针织棉毛衫。

内衣应以质地轻薄、保暖性能好、合身、透气为选择的重要条件。随着纺织工业的快速发展，合成纤维制品的面料也广泛用于内衣，这种品质良好、种类繁多的材料，使内衣的品种变得更加丰富多样。

法国设计师[让·保罗·戈尔捷]作品

意大利设计师[费瑞]作品

内衣的几种基本形式

汗衫　　　T恤　　　织纱的短袖汗衫

双型短袖汗衫　　针织圆领孔汗衫　　V形针织长袖卫生衣

内裤的几种基本形式

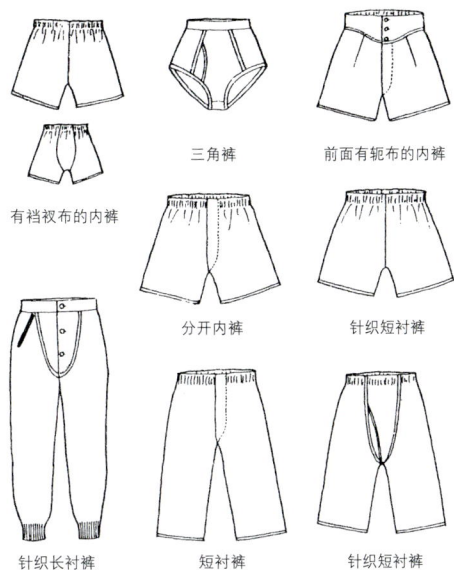

有裆衬布的内裤　　三角裤　　前面有轭布的内裤

分开内裤　　针织短衬裤

针织长衬裤　　短衬裤　　针织短衬裤

33

二、衬衫类

衬衫大致可以分为礼服用衬衫、日常用衬衫、运动用衬衫、休闲用衬衫等。袖型上有长袖、短袖之分。领型有翻领、立领、无领之分。衬衫的穿着与整体着装是相关的，如礼服用衬衫是规定用白衬衫，而一般的生活着装可选择白色、单色、无花、条纹、格纹、暗花等衬衫，只是应注意衬衫与上衣之间的整体关系和色彩搭配的协调。在夏季可穿长袖、短袖衬衫，但穿礼服时，即使是夏天也要穿长袖衬衫，这是穿着礼服的规范。另外，在选择衬衫时应注意领口、衣长、胸围的尺寸以便穿着得体。

2000年～2001年春夏·巴黎流行时装发布

礼服用衬衫的几种基本形式

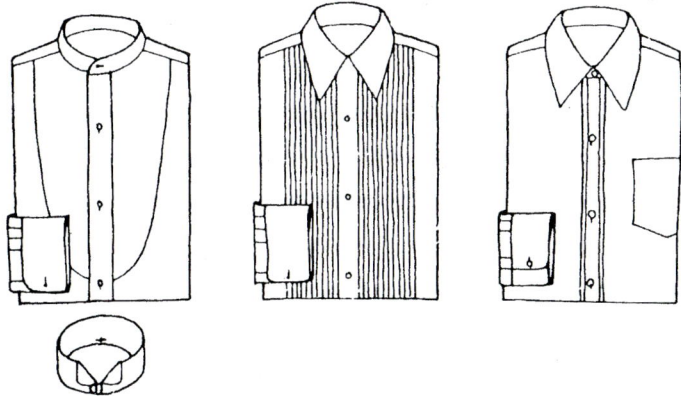

礼服用衬衫(坚胸)　　　　礼服用衬衫(叠璧胸)　　　　衬衫

时尚前卫的衬衫

1.礼服用衬衫

燕尾服衬衫是白色的贴胸衬衫，袖扣为装饰用珍珠钮扣。夜间准备服则是白色开胸并在前胸加绉褶的衬衫。晨礼服和白天正式礼服是开胸衬衫或普通衬衫，色彩为白色，领型除具有一定规范外，随时代变化有大小、角度等细节上的变化。燕尾服衬衫的领型是前褶的翼领。晨礼服、夜间正式礼服、夜间准备服的衬衫通常为前褶小翻领，但后来多穿用普通型的双翻领。

2.日常用衬衫

日常用衬衫是日常工作、会客、访问时穿用的较为普通而又显端庄的一类衬衫。它穿着范围广，既可单穿也可套外衣穿用。面料色彩较为丰富，除常用的白色外还有咖啡色、浅蓝色、深灰色、浅奶黄色、浅绿色、豆沙色、条纹等。夏季可单穿长袖或短袖衬衫，但在较为正式场合应系领带为宜。男装衬衫应以整体品质优良、做工精细为标准，以体现男士着装风范。

3.运动休闲用衬衫

这类衬衫满足了人们希望在脱掉完整的制服或西服后享受轻松的郊游、旅行、散步、家庭休闲的愿望。它在面料的使用和款式的设计上都显得轻松自由，如运动用的开领衬衫以及带有地域风情的夏威夷衬衫。面料为棉质的花面料，款型宽松，衣身较长，下摆可随意系在腰上，这种衬衫款式宽松自由、花纹丰富、随意性强，是海滩运动休闲较为理想的一类衬衫。

三、服饰品

1.帽子

男士帽子在式样上变化不多，但戴帽和穿衣之间有一定的规范，须和整体之间的协调。穿燕尾服须戴大礼帽、绢帽或观剧用大礼帽。穿夜间准备服须戴黑色或深蓝色带帽沿的中褶帽、窄边帽。穿晨礼服、白天正式礼服须戴大礼帽、常礼帽或有帽沿的中褶帽。穿日常生活装则没有规定，只是须根据服装的类型、特点、脸形、肤色等选择适合头型的帽子。

帽子是由帽山、帽沿、装饰配件组成，时代的发展使帽子由原来的几种变得更为丰富，如八角帽、皮质学生帽、皮质无沿帽、棒球帽等都是现代人喜欢的帽型。另外，传统的具有优雅豪华之形的窄边帽、中褶帽、呢子帽，具有轻快自由之形的基罗利安帽、十字帽，散步用软帽、鸭舌帽、麦杆帽、工装帽等也深受人们的喜爱。

服饰品—20世纪初男士礼帽

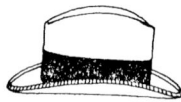

绢帽 大礼帽　　窄边帽　　波古帽　　中褶帽

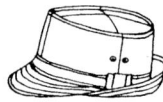

基罗利安帽　　十字帽　　鸭舌帽　　巴拿马帽

服饰品—男士帽的几种形式

2.领带

男性服饰品与女性服饰品相比显得单一，领带则是男性服饰品中非常有特色的服饰品之一。由于领带的佩戴是在胸部的正前方，因此对于领带的选择尤其重要，合理协调的配戴能使男性在工作中潇洒大方，充满自信。

领带的种类和式样非常多，各个时期的流行时尚影响着领带的面料、色彩、花样、宽窄等方面的变化。一般型的领带有活结领带、方形领带、蝴蝶结领带。变型的领带有阿司阔领带、西部式领带、缎带领带、欧洲大陆式领带、线环领带、丝带领带等。阿司阔领带在欧美是结婚典礼时新郎作为晨礼服、白天正式礼服时使用，而印花面料的领带则是非礼服时用，这种印花领带通常为普通、讲究穿着打扮的年青

17世纪—21世纪的男士胸饰

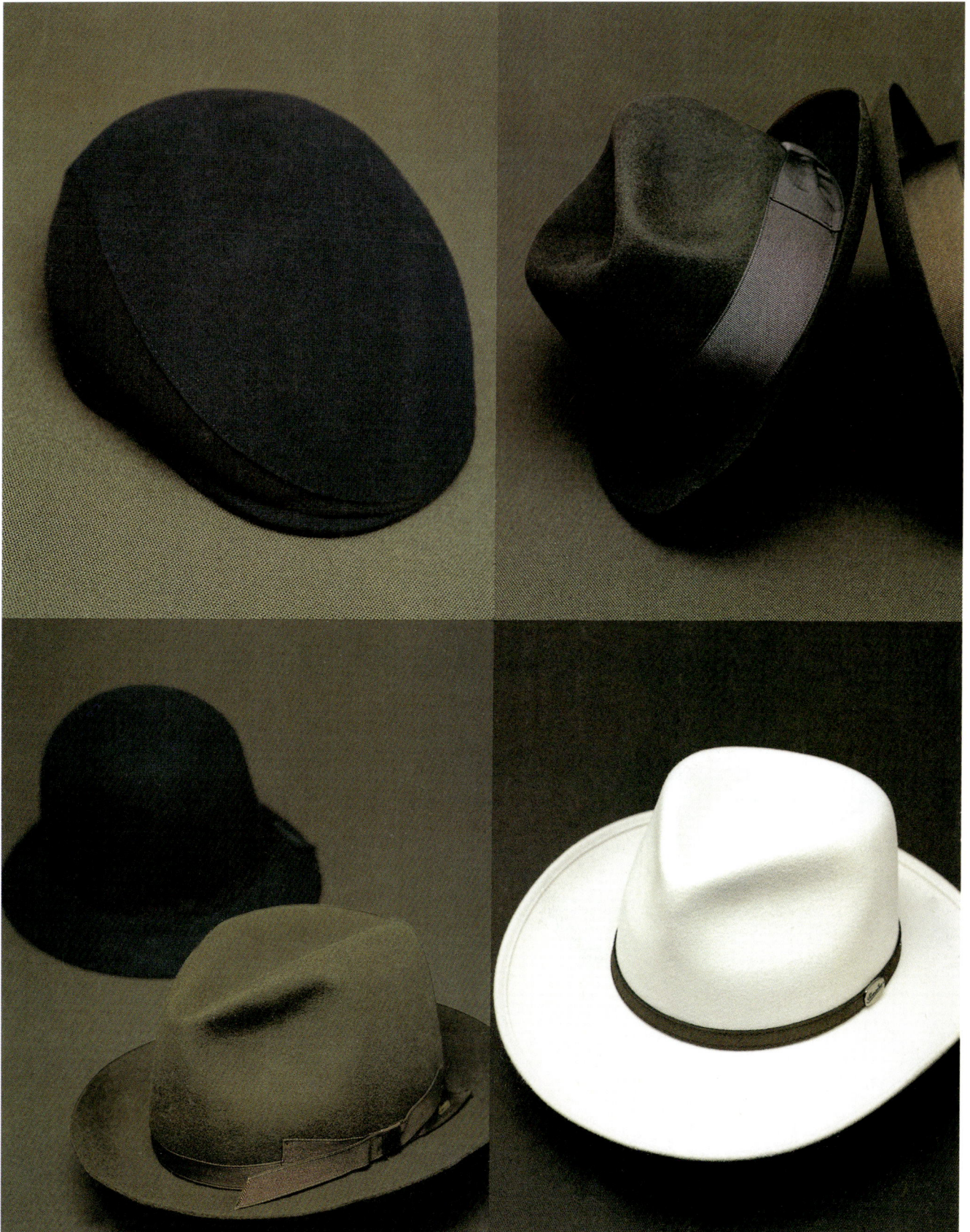

人喜好。欧洲大陆式领带是不打结
的，只是将交叉之处用钩扣或暗扣
固定，常用于夜间准备服。外出服
常使用打结并下垂的绢领带或系蝴
蝶结的方式，办公服也是用打结并
下垂的领带，在夏天可按着装者喜
好和着装条件进行配置。领带的面
料通常以绢为主，另外还有毛织物
领带、合成纤维领带、编织领带、皮
革领带等。

领带的色彩与服装之间的关系
应从着装的整体效果出发，领带作
为服饰品应充分考虑同衣服、衬衣
之间的协调关系，以起到衬托服装
的作用，和谐的配搭能体现着装者
自身的修养和内在的气质。

3.鞋子

鞋子按其不同标准分，种类繁
多。按使用功能分有室内的拖鞋、
室外的正式着装鞋、休闲鞋、雨鞋、
滑雪鞋、溜冰鞋、骑马鞋等。按季节
分有春秋鞋、夏季凉鞋、冬季毛鞋、
皮靴等。按造型种类有平跟、中跟、
高跟鞋；尖头、平头、圆头、方头；
低邦、中邦、高邦、皮靴等。按材料
有皮质、合成革、塑料、棉布、绳
编、草编、木质等。鞋的选择以顺应
流行的设计和颜色、优良的材质、
精细的工艺为主。同时，也须考虑
穿着舒适、便于行走、结实耐穿等
基本条件。在正式场合穿着正装时
对鞋的穿着是有规定的，而日常生
活着装则可自由选择。总之，鞋除
了实用美观外，应考虑与所穿服装
类型之间的和谐。

打活结的领带　　　方型领带　　　阿司阔领带

欧洲大陆式领带　　　　　　　西部式领带(缎带领带)　　打活结的领带

翼状领带(蝴蝶领结)

服饰品—男士领带的几种形式

20世纪50年代的男士运动用鞋

现代时尚的男士用鞋

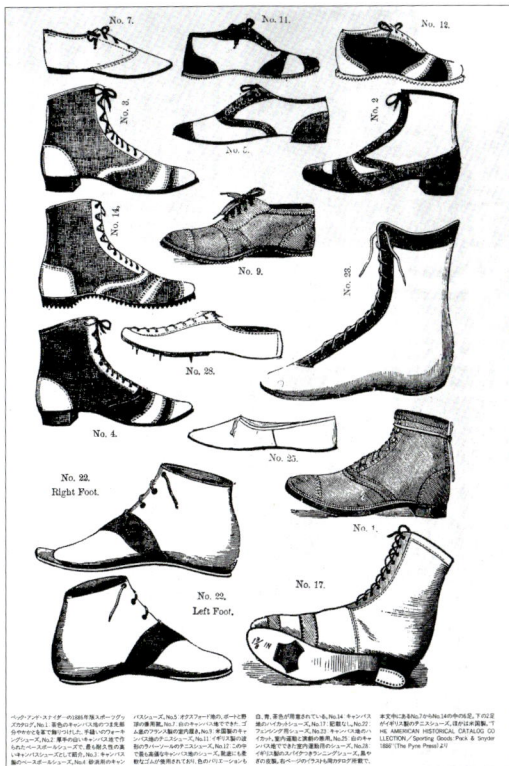

ベック・アンド・スナイダーの1886年版スポーツ'グッ
ズカタログ。No.1 革色のキャンバス地のつま先飾
りやかやを集て飾つけした、手編いのフォート
ングシューズ。No.2 革手のばいキャンバス地で作
られたベースボールシューズで、最も軽ろしな靴
いキャンバスシューズとして認れ。No.3 キャンパ
ス地のベースボールシューズ。No.4 新合前のキャン

バスシューズ。No.5 オクスフォード地の、ボートと男
雅の運車用。No.7 あのキャンパス地で出来た、ゴ
ム靴のフランス製の室内履き。No.9 米国製のキャ
ンバス地のテニスシューズ。イギリス製の軽いキャ
ンバスのテニスシューズ。No.11 この軽いキャン
バス地ジャージーソーソールのテニスシューズ。No.17 この
軽いキャンバス地キャンバス地のテニスシューズで、軽量に使
軽なゴムが使用されたN、色のバリエーションも

白、青、茶色が用意されている。No.14 キャンバス
地のハイカットシューズ。No.17 軽量なし。No.22
フェンシング用シューズ。No.23 キャンバス地のキャ
ンバスで作られた室内運動用シューズ。No.25 右のキャ
ンバス地で作られた室内運動用シューズ。No.28
イギリス製のスパイクつきランニングシューズで、多く
の右数。各ページのイラストも周わりのだが可愛で。

本文中にあるNo.7からNo.14の中の右足、下の2足
がイギリス製のテニスシューズ、ほかは米国製。下
HE AMERICAN HISTORICAL CATALOG CO
LLECTION. / Sporting Goods: Pack & Snyder
1886（The Pyne Press）より

17世纪中后期的男士用鞋

39

4.腰带

腰带是指系裤腰的皮带。而今的裤腰与腰围之间的尺寸让消费者已有广泛的选择余地，从而非常贴身。因此，腰带的用途已由原来的实用变成一种装饰。

较为正式的外出服以鳄鱼皮的腰带为高级，以马皮、牛皮、羊皮等较为细窄的 (2cm左右) 带扣、带钩的为时尚。腰带的色彩应避免艳丽，以黑色、茶色等较为沉着的色彩为最佳。腰带的变化主要体现在材质、色彩、表面肌理、装饰扣等方面。

腰带的长短要适合腰围尺度，不要太长。近年来流行的一种活动装饰扣，它可根据自身腰围尺寸前后调节，极大的方便了身体变化的需要。腰带在夏季单穿衬衣时显得特别重要，应在注重实用的基础上考虑整体着装的装饰效果，特别是现在人们习惯将手机、传呼机、随身听、腰包等挂于腰间，使腰带对腰部的装饰作用显得更加突出了。

5.吊裤带

吊裤带在传统的西裤着装中常见。吊裤带在带的前端装有扣夹，可以夹住裤腰而不必系腰带，它的使用通常在穿着礼服时显得必要。而今使用吊裤带的人较少，但它较适合于肥胖体型，由于该体型腰围较粗，腰带系上有一种不舒适感，用吊裤带既潇洒又实用。吊裤带的材料为橡皮或带弹力的纤维材料，使用吊裤带就不系腰带这是基本的常识。

服饰品—现代男士的几种时尚皮带

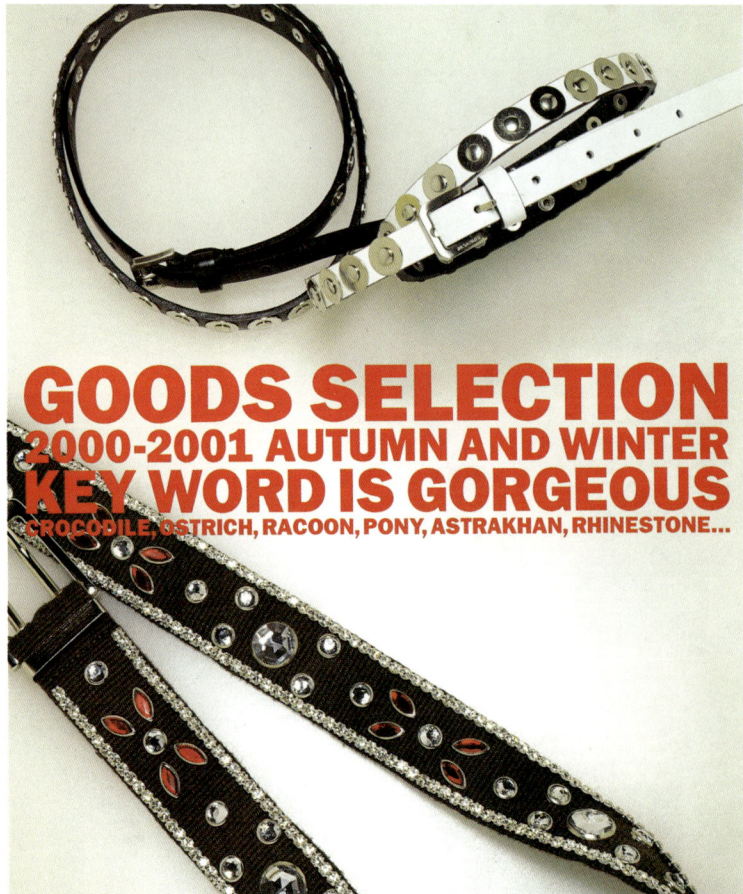

GOODS SELECTION
2000-2001 AUTUMN AND WINTER
KEY WORD IS GORGEOUS
CROCODILE, OSTRICH, RACOON, PONY, ASTRAKHAN, RHINESTONE...

6.手套

男士手套除装饰功能外，主要以防寒和保护功能为主，如运动手套、工厂防护手套等。材质上以牛皮、羊皮为常见，同时还有以装饰保暖为主的布质、毛质、针织手套等。手套作为服饰品应考虑与外套、围巾、鞋子等整体着装之间的协调。色彩上以深色、各种灰色的手套为男士常用。在选择手套时应以适合手指的伸曲而不妨碍活动为宜，稍小些为好，另需注意的是材质的好坏以及加工工艺的精良。

7.袜子

袜子是在鞋与皮肤之间起着保护脚的作用。材质有毛、棉、丝、化纤等，可根据不同的季节选择不同质地的袜子。男士袜子在色彩上较为单纯，通常以深色、灰色、白色为主。袜子在整体着装中虽然是很小的一部分，但应考虑它与裤子、鞋子之间的色彩搭配。通常在穿着礼服时要穿不显眼的黑色袜子，而一般的便装则可根据服装的特点来配搭，除此之外，还应考虑袜子的耐穿和清洁。

服饰品—现代男士的几种时尚手套

8.领巾与围巾

领巾有防寒之功能，它不仅以保暖为目的，也兼用于领口之装饰。围巾作为服饰品，更多用于装饰，在穿便装外套、毛衣时用围巾起点缀作用。材质以毛织物、丝绸、人造丝、醋酸纤维等为主。毛织物给人以轻快之感，常用于上班、日常生活，而丝绸围巾常用于正式着装及装饰。

领巾面料以条纹、格子为主，也有单色调。围巾除单色调外，印花图案也居多。合理的配搭能使整体着装大方得体。

服饰品-现代男士的时尚领带

9.手帕

在传统着装中，手帕的实用功能显得较为重要，如今除正式着装外，常以面巾纸替代。常用的有质地较轻薄、便于携带洗涤的棉质白洋布、丝、绢等，色彩有白色和其它单色调和浅灰色格子。手帕除了擦拭面部外，还用于上衣口袋之装饰用，这类装饰用手帕除考虑它的折叠形外，还应考虑与上衣、领带之间的协调。正确的使用应在上衣袋口处水平地露出1cm为宜，而在外出时则应叠成三角形露出顶点为宜。常见的折叠法有以下二种：

① TV 折叠法。

②三角形折叠法。

10.领带夹与袖扣

领带夹是起着固定和规范领带的作用，同时也带有一定的装饰作用。领带夹在正式的着装时应以精致、用材考究、形状稍小为宜。轻松的服装则应选择变形、别致、有点缀效果的领带夹。色彩上，如果领带是咖啡色 则可用金色领带夹，若领带是蓝色或灰色则最好用银色领带夹。

袖扣有圆形、方形、椭圆形、钻石形等。材质有黄金、宝石、镀金、银、塑料等。装饰性的扣形，可根据服装的特点进行配置，在实用的同时点缀服装。

人们对着装不断提高的要求是时装设计的重要原则，也是把握时装发展的总趋向。

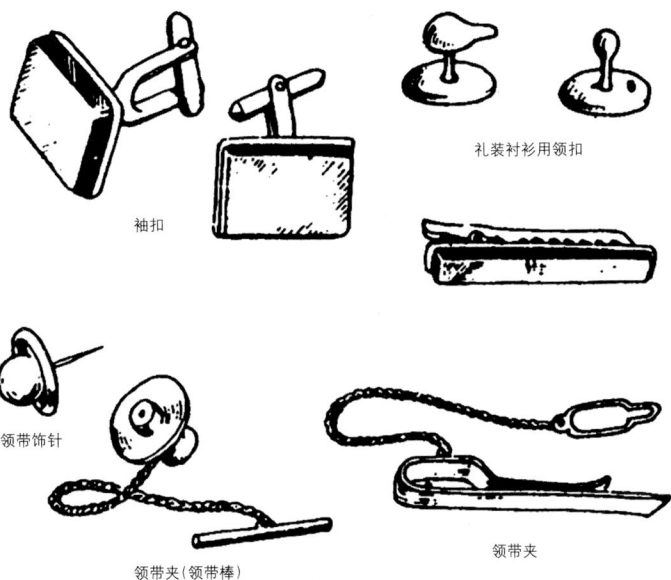

袖扣

礼装衬衫用领扣

领带饰针

领带夹（领带棒）

领带夹

服饰配件的几种形式

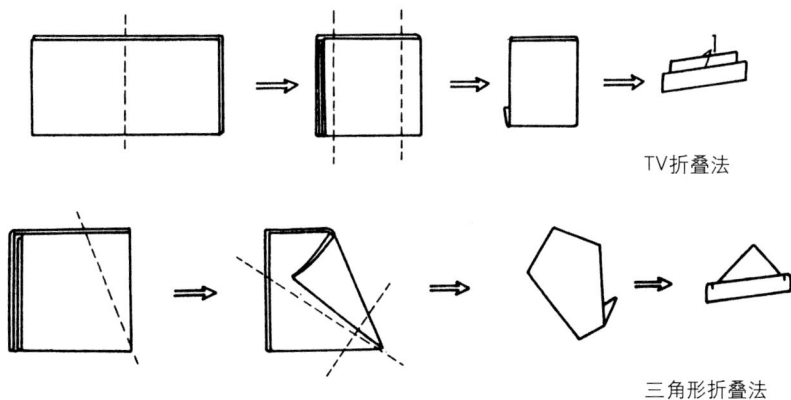

TV折叠法

三角形折叠法

服饰品—现代男士的时尚皮夹

服饰品—现代男士的时尚手表

第三章　男装的设计定位

随着消费观念的不断变化以及生活质量的不断提高，服装已不仅是满足人们生理方面的需求，而且是着重满足人们心理上的自尊需求和自我表现的高层次需求。由此，人们也逐渐开始有选择、有目的的多方位、多层次的消费。男装也一改过去中山装、西装的着装模式，开始紧跟流行时尚，变得丰富多彩起来。这也为服装企业、设计师提出了更具挑战的要求。为适应快速多变的市场，调整产业结构是势在必行的，实行名牌战略，提高品牌意识，建立小批量、多品种、短周期、市场应变能力强的生产结构，以符合国际潮流的、工艺精细的、

20世纪90年代的休闲男装　　　　　　　　　男装设计方案表现

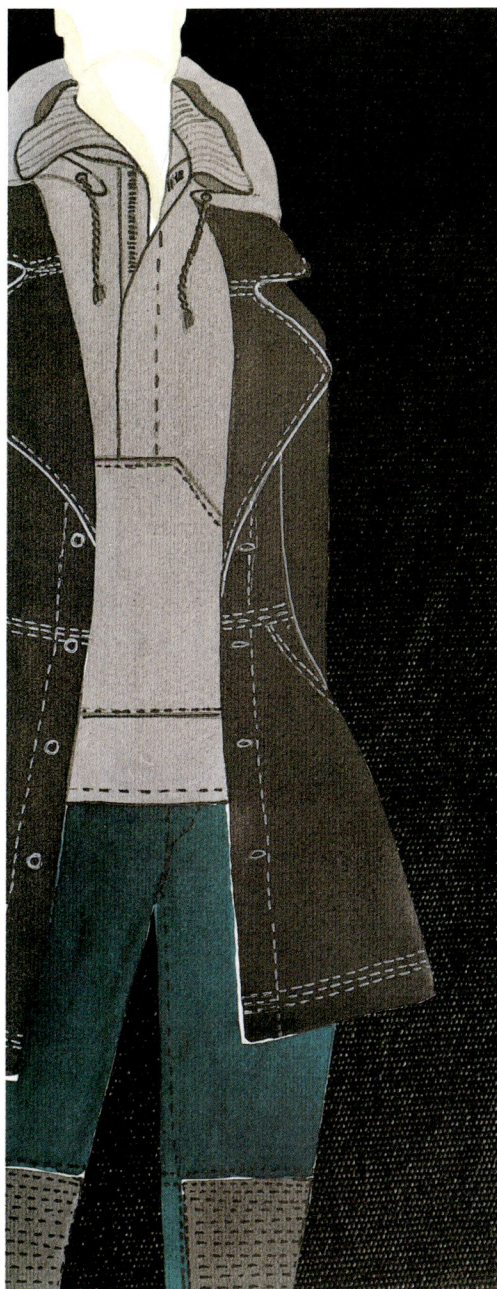

造型色彩丰富多样的中高档服装产品为主，这种富有特色的产品结构是适合我国服装业发展的基本指导思想。

一个成功的企业或设计师，不是去追随和模仿市场，而是去带动市场，引导消费，对市场作出相对的评估和定位，对国际国内的服装发展作出相应的判断和调整，以满足不同消费层次的需求，为企业赢得市场需求发展打下基础。

作为消费者都有着自己的消费心理和消费习惯，自己喜好的着装方式不一定被别人认同，而脑力劳动和体力劳动之间又有相对一致的生活方式。任何设计师和企业设计生产的产品不可能为人人接受。因此，通过市场调研，对消费心理、消费层次分析，对企业自身特点认识，企业制定相应的战略目标显得更为重要，从而找到产品与消费者之间的切入点，确定相应的产品形式，做到有的放矢，使产品能适应它所设定的消费对象，引发购买欲，达到消费者满意、企业获利的目的。这就是设计定位。

男装以庄重大方、功能性强为主要特点，而消费心态的成熟和着装要求的提高，对产品设计提出了更多的思考。制定相应的可行性方案，做到定位准确是产品获得市场的基础，因此就设计定位而言，我们可以从下述方面思考。

男装设计方案表现

90年代的男士便装西服

男装设计方案表现

90年代的休闲男装

意大利设计师[强·马可·凡特利]的男装休闲作品

1967年进入巴黎男性高级时装界,有着举足轻重的意大利设计师[尼诺·塞路提]的休闲男装作品

意大利设计师[摩斯奇诺]前卫时尚作品

英国设计师[维维·威斯特伍德]的前卫男装设计

纽约设计师[卡文·克莱恩]的休闲男装设计

第一节　产品对象的定位

性别对象——是男性还是女性。

年龄结构——是少年、青年、中年、老年男装还是固定的设计年龄段。

职业特点——是室内还是室外，是体力劳动还是脑力劳动，是庄重严谨还是白领休闲，这决定着一个消费层面的购买力。

经济状况——经济收入的高低决定着服装价位的确定及服装档次的制定，收入是否稳定与国民经济增长相关，这决定着国民的购买力。

文化程度——由于消费者受教育的程度与文化层次的不同，所以审美方式、审美情趣也有所不同，对服装的流行以及形式感也有不同的认定。因此，文化程度的高低对服装设计的定位起着非常重要的作用。

生活方式——是居家生活还是浪漫休闲。在服装已不仅仅停留在保暖护肤的今天，首先是生活设施的添置，其次才是服装。服装消费一般占人均收入的20%左右，这对制定相应的生产规模提供了理论依据和数字依据。

家庭结构——在普遍的三口之家中，男性作为家庭的主体在与社会的交往中，着装的得体体现着男性的风度气质以及为人处事是否沉着稳健。因此，男装的消费虽然品种与数量不多，却十分注重品牌，并且价位较高，特别是职业男性服装。

　　文化习俗——这是相对于广泛的民族和地域而言的。了解各地区人们不同的风俗习惯、宗教信仰、文化内涵、传统着装模式、这有利于服装设计抓住重点，结合流行时尚，调整产品结构，使产品适销对路。

90年代后期[MAURO MILANDRI]的针织休闲男装

90年代后期[GIEFFEFFE]的休闲男装

第二节　产品类型的定位

　　男装从大的产品类型上，大致可分为正式着装和生活着装两大类。

　　正式装——穿着有一定规范，式样变化不大，注重材质、工艺以及着装的整体协调，于较为正式的场合而穿着的服装，如礼服、套装、西服套装、中山服套装等。主要目的在于体现着装者身份、地位、修养及审美水准。

　　生活装——以满足现代人生活、工作、休闲为目的的一类服装。它功能性强，穿着较为自由，有时代性和流行感，从而深受青年一代喜欢，如便装、休闲装、茄克装、便装西服等。

市场预测——包括流行趋势、消费心理、购买力的预测、以及对前几年同季节同类产品流行原因的分析研究，找出规律和各时期适销对路产品的特点，求得消费者对此的反映。这有利于提前做好新产品的研究与开发，确定档次和批量生产计划，以先入为主的方式赢得市场份额。

产品档次——是高档次还是低档次，或是满足大众消费的中档次。档次的确定有利于设计师在面料的选择，生产工艺的难易程度等方面作出思考；有利于经营者确定产品价值与价格以及作出比较和选择；使设计师能较为准确地根据产品的档次，设计符合这一档次消费层的款型。

产品批量——生产量的确定要根据该地区消费能力、人口流量、经营策略、营销口岸、该产品的市场占有率等方面来确定。量的大小关系到消费层对该产品的认定，而信息的反馈又促进设计师对产品作出相应的思考。

'98—'99秋冬·东京男装流行趋势发布　　'98—'99秋冬·东京男装流行趋势发布

'98—'99秋冬·伦敦男装流行趋势发布

第三节　产销方式的定位

生产方式——是独立生产还是委托加工或部分合作加工。保证生产的机器设备、规模，是普通设备还是专用设备或流水线配套设备。材料的供应渠道是否畅通，各工段人员是否配备，员工掌握技术的水平及素质是否达到一定标准，流水工艺是否合理，质检标准及手段是否科学规范等，都是保证设计完善的必要条件。

生产周期——对时间性、季节性强的服装，生产周期的科学制定是完成产品的可靠保证。季节性服装在市场的流行，通常应提前做好对市场信息的消化，提出生产周期的可行性方案，制定科学合理的工艺流程，并按现有生产人员、设备状况对每单日生产量做出评估和测算，以保障在季节之前有效的投放市场，并以市场反馈来合理调整生产，推出新产品。

法国设计师[泰利·缪格勒]的西服便装设计

销售方式——确定是批发、零售、专卖还是商场专柜。产品销售的好坏以及营销战略的制定是否成功，直接影响着设计的成功与否以及系列产品的再投入。因此制定相应的科学先进的营销策略是产品成功的要素之一。

成本估算——主要包括直接成本和间接成本的估算。直接成本指生产产品的直接费用，如面料辅料的单价，单套件产品的实际生产成本，人工单价，机器设备磨损贵，厂房、门面的租金等。间接成本指产品上市的间接费用，如广告宣传，促销展示，材料、成品的运输，法定税金，以及其它公用事业的投入等。通过全面细致的计算，可得出相应的利润率，为产品的开发和再投入以及企业的可持续发展制定相应的目标。

21世纪初的时尚男装

意大利设计师[法兰可·摩斯奇诺]的休闲男装设计

第四节 工艺品质的定位

外观——指成衣的整体效果如何，结构线型是否流畅，目测是否完整，局部细节是否精益求精，手感是否舒适，试穿是否达到设计要求。通过这些比较，设计师可进一步完善设计，调整版型以达到更为理想的视觉效果。

质量——质量是企业生存的基础，也是产品形象的可靠保证。好的设计需要高质量的生产和管理做保证。从服装材料的优劣，工艺水平的高低到后处理等都是质量保证的基础。产品通过严格的质量检测，达到预期设定的成品标准。这既是对消费者负责，也是对企业自身发展负责。

规格——根据各地区、各种族在身高、体型、消费习惯方面的不同，对该地区某个年龄段进行普查和抽样调查，以人体工程学为依据，结合国家颁布的号型系列规格，求得相对合理的理论数据，以确定产品规格。服装规格的制定使企业在该地区下生产单时有详细的参考数据，使服装各部位尺码符合该地区的消费者。

第五节 发展目标的定位

效益目标——取得良好的经济效益是企业共同的目标，但必须考虑到市场的风险。产品投放市场前，对盈亏都应做充分的预测。因此，以完善的设计、可靠的质量保证、替消费者着想为经营思路，建立信赖消费层，这对企业声誉和效益十分有利。

战略目标——在众多的服装企业中，如何树立自己的企业形象，使企业脱颖而出，需结合自身条件对市场前景作出合理判断，科学地制定战略目标显得尤为重要。以名牌战略、精品战略和良好的售后服务占有市场，赢得消费者的认同是当前规模较大的服装企业发展的重要方向。那种跟潮流、粗加工的短期行为将随着消费者观念的提高而落后于社会。

规划目标——对企业现有的实力和规模不断考察，制定相应的长期发展规划，有利于企业向着制定的目标努力去实现。如生产规模的扩大再投入，机器设备的更新，技术力量的提高和再培训，产品结构的相对调整，产品规格上档次，建立新的、广泛的合作对象等，都是长远规划的一部分。因此，制定符合自身实力的发展规划，是企业立足发展之本。

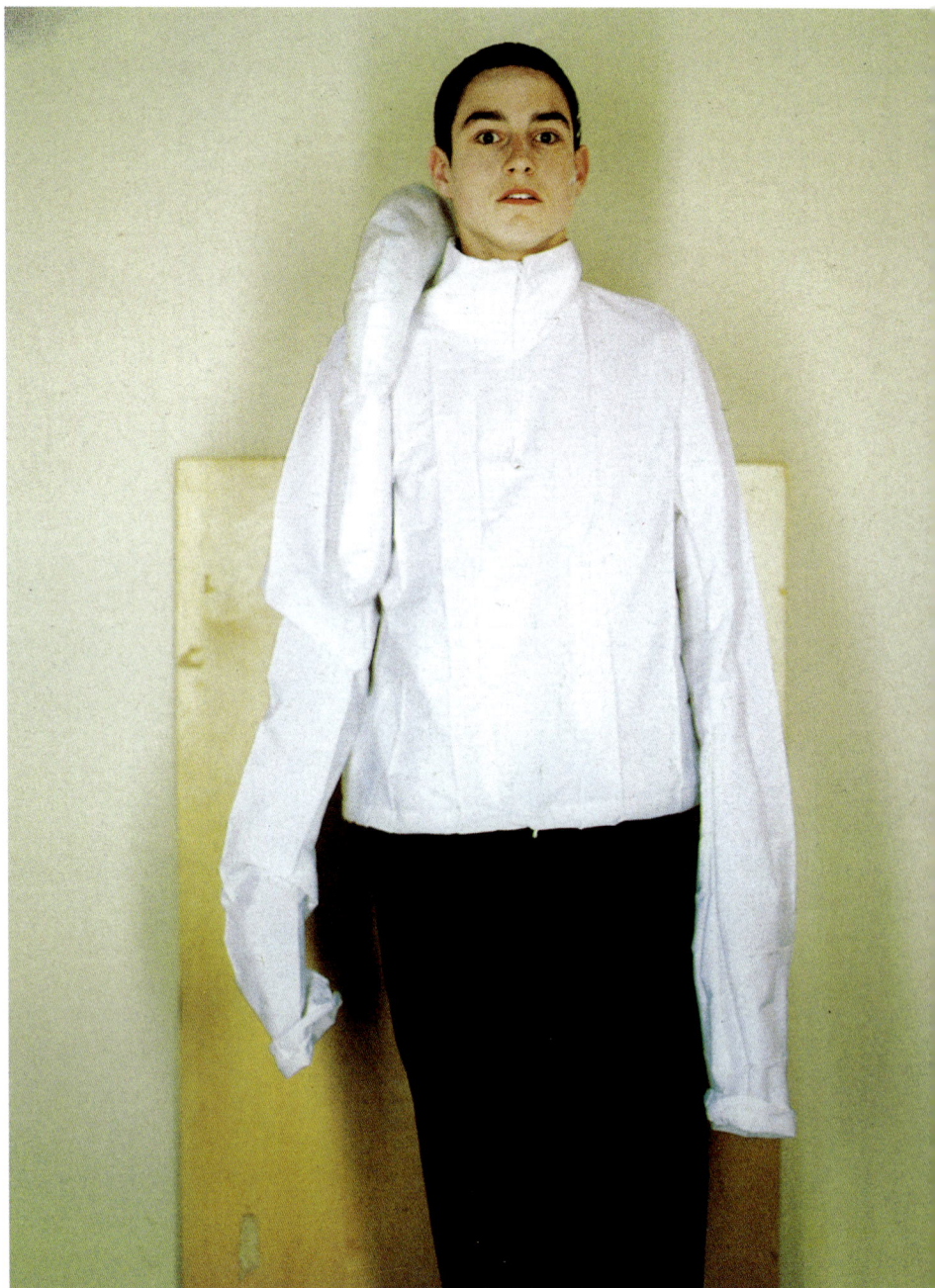

本世纪初前卫设计风格的男装

本世纪初前卫设计风格的男装

本世纪初前卫设计风格的男装

第六节　宣传方式的定位

　　产品的成功除了设计定位的准确、质量的保证外，宣传方式的选择也是产品促销的必要手段。就服装产品的宣传而言，选择媒介方式有陈列开架式自选，封闭式售货，挂架、人台展示、模特表演、产品说明、包装系列、材料成份牌、洗涤说明等视觉传达媒介。还有以电视广告、报刊杂志、广播电台、路牌广告、季节主题概念招贴等传播媒介。好的产品没有适当的宣传手段也是不会被消费者认同的。因此对媒体的选择要根据企业自身的目标和综合实力，通过广告费用与成本利润的比率估算来选择适当的媒体对产品进行宣传。合理地利用现代化视听手段，广泛的网络服务，传递各种信息是整个设计定位中最重要的环节之一。

　　服装设计不是简单的画图、组织生产的过程，而是一种产品的设计。产品作为商品，就要有流通的价值，就要让消费者接受，才能实现产品的真正意义。而在产品设计过程中有众多方面的因素制约设计，设计定位强调的是整体配合和选择最佳组合方案，通过对定位对象的研究，找到符合企业自身特点的定位方向非常重要。

　　设计定位的准确，能使设计从盲目性、简单性、模式性向目标性、规范性、合理性方向发展，使企业目的明确，保持自身特点，拓展新的市场份额，为企业创造新的机遇与增长点。

本世纪初前卫设计风格的男装

第四章　男装设计的方法与过程

　　设计的过程是复杂而有趣的，设计效果的好坏是设计综合素质高低的体现。对影响设计的各种要素的思考，对完善设计的各个环节的认识，以及对实施方案的可行性分析是保证设计效果的根本。

男装设计方案表现

20471120
MASAHIRO NAKAGAWA
+ LICA

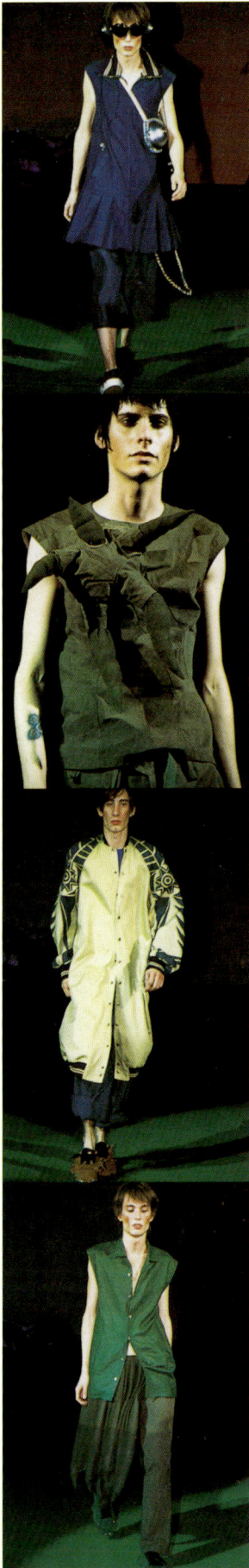

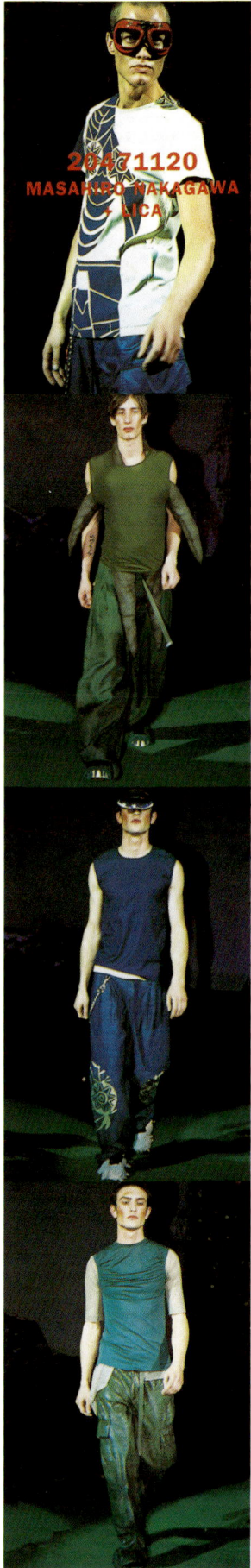

'99春夏·巴黎男装流行趋势发布

长期以来，男装虽然衣着款型变化不大，但在设计上却比女装更为严谨和规范。如今，男性比女性更为广泛地参与社会，也更注重着装环境对衣着服饰的要求以及服装的功能与形式的统一。随着社会的进步与经济的增长，品牌意识和精品意识已成为男性着装的主要方向。男装设计必须是具有个性的创意设计，有简洁而富于变化的线型，有着装条件鲜明的版型，有科学规范的工艺，有品质优越的面料，符合男性审美的色彩才能为男性所接受。因此，注重设计方法的学习时，对设计理论及其规律性的东西应灵活运用，避免走入不加分析地生搬硬套的不良模式，这是步入设计应注意的。

LOVE

FURPILE MODA

Lanificio BECAGLI

Lanificio BECAGLI

LOVE

Filati BE.MI.VA

男装设计方案表现

第一节　设计构思的形成

设计构思的形成就是对构成设计的各种因素进行综合比较和挑选，找出对设计构思有利的因素，确定设计的切入点，从而制定出初步设计方案。服装设计是满足效果的工作，效果体现了对设计因素的综合判断和运用。一个产品没有生命力，也就没有设计的根基。设计构思的目的也正是为了创造新的设计思维点，而创造的目的是满足人们的需要。创造的过程是对现有造型作出新的视觉认识的过程。设计创新不是简单的模仿，而是在总结前人成功经验的基础上升华，服装的流行也是对过去某个时期衣着服饰的重新理解和认识，找到设计思维源，如喇叭裤的再度流行与70年代的喇叭裤相比，时代已赋予了它新的文化内涵而被人们所接受。

'99春夏·米兰男装流行趋势发布

65

一、信息的导入与组织

服装设计更多的是对流行时尚的全面关注，流行时尚的产生又有它深厚的文化背景，如今的书刊杂志、电视通讯、网络技术使我们在第一时间内就能得到最新的流行信息。对流行信息进行分析和组织，找出构成该时期流行的因素，并作出相应的设计反映，就能产生新的事物和方法。面对同样的流行信息、面料、色彩，不同的设计定位有不同的选择条件和组织方式，所展现的整体效果也有好坏，这体现了设计者对全局的把握能力和对信息的综合组织能力。信息的导入与组织，可大致归纳为直接信息、间接信息、相关信息和综合信息等几个方面。

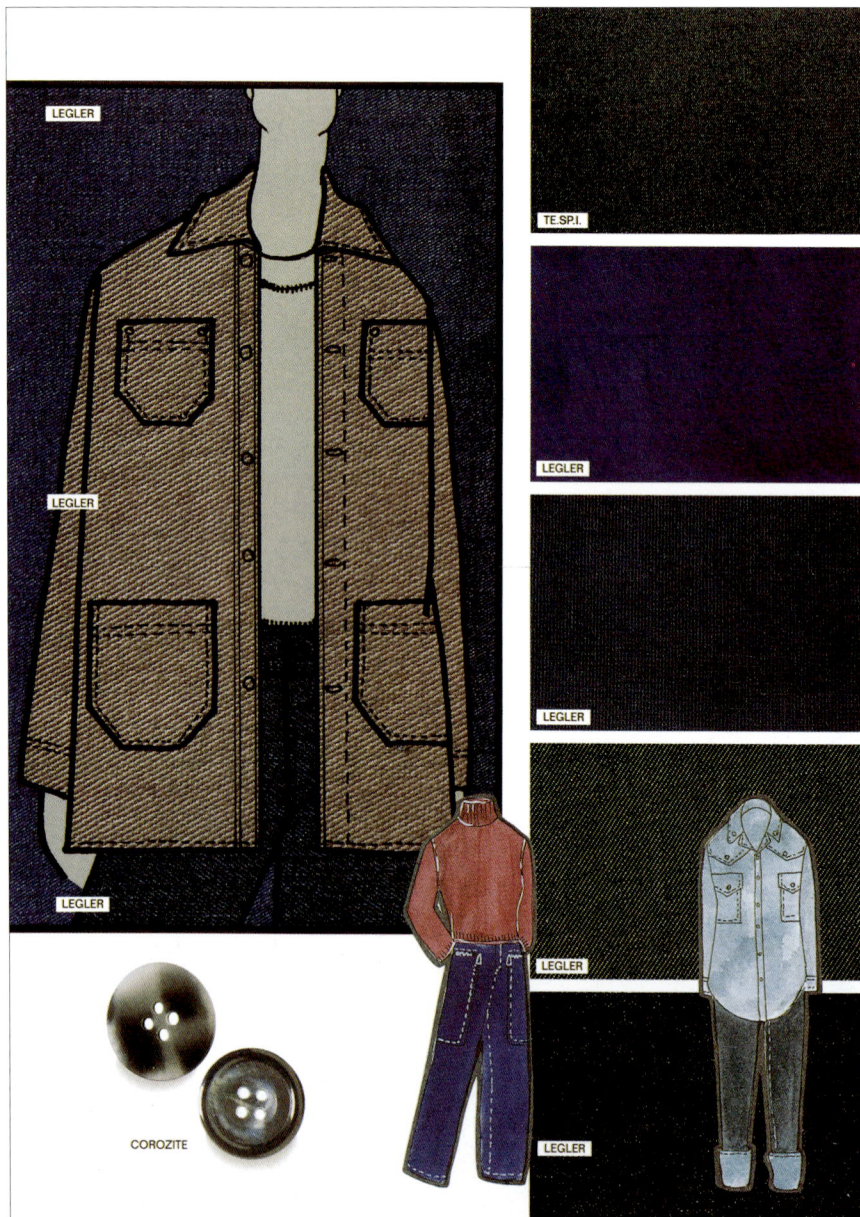

男装设计方案表现

'99春夏·伦敦男装流行趋势发布

'99春夏·伦敦男装流行趋势发布

1.直接信息

直接信息就是来自于现代传播手段和宣传媒介所展示的服装图片、服装表演、面料料样、流行色彩等视觉印象的直观感受。这类信息为最初的设计提供了款型依据、色彩组合、面料系列，也为设计主题的确定奠定了基本框架。在此基础上，设计者对这类信息的成功部分加以分析和借鉴，重新塑造一种设计元素组成的新的和谐秩序。

2.间接信息

间接信息来自于人们对生活时尚的关注与敏锐的观察，并对多个时期流行服饰的分析，结合当前消费心理、生活装束、详细的市场调研而得到反馈信息，并以此对未来发展方向作出预测和判断。这类信息为产品提前投入市场，获得消费者对产品的反映，调整相应产品结构，使产品提前投入市场，为迎得市场商机提供了机遇。

3.相关信息

相关信息来自于对民族服饰和民间服饰内涵的体验，以及对相关艺术如绘画、音乐、建筑、雕塑等方面的感悟所产生的设计灵感。由此产生的信息在许多服装大师的作品中有成功的演绎。其中意大利设计师瓦伦蒂洛在1993年根据中国的青花瓷器和刺绣设计出的带有东方特色的服装作品，使人们对一位意大利设计师用最现代的手法演绎东方服饰感到佩服。而本世纪初国际服装推出的"东方情结"，也正是从这些民族服饰中产生的灵感，从而引导了一个时期的流行时尚。这类设计强调的是文化底蕴和民族内涵。

4.综合信息

综合信息就是来自于社会进步和科技发展带来的审美观念的转变。新的价值观带来的新思潮，高科技带来的纺织技术新革命，使设计面临新的挑战。社会的进步使我们懂得工作和休闲都同样重要，休闲服的出现满足了人们的这种愿望，使男性更加轻松和潇洒。设计者对各种信息源的组织，应具备一定的设计基础和理论基础。其实，许多信息就在我们身边，只要善于思考和观察，就能从平淡的事物中发现新的思维点，再由点、线、面展开组成造型体，构成视觉新形象。

2000年～2001年秋冬·巴黎男装流行趋势发布

本世纪初的时尚男装

二、主题概念的推出

主题概念的推出不仅体现在促销方式上，而且为产品设计的推出提供了思维基础，使设计不至于一开始就处于无目标的盲目状态。轻松的主题，可以从轻松的话题、轻松的事物、关注的时尚等方面来确定主题构思的途径，如人们对生态环境的关注，对生活质量的关注等。庄重的主题，可以从历史的发展、典型的事物、文化观念等方面确定构思的切入点。就男装而言，从白领绅士到白领休闲，体现了男性着装即沉着又潇洒的一面。因此，主题概念的确定和推出是我们认识设计、组织设计、完善设计的主要依据的来源，由此产生的设计主题明确，产品指向性强，具有自身特点，并且设计思路清晰，有着继续延伸的发展空间。主题概念的推出，可以从年代主题、地域主题、季节主题、文化主题等方面进行思考。

男装设计方案表现

2000年～2001年秋冬·伦敦男装流行趋势发布

2000年～2001年秋冬·纽约男装流行趋势发布

1. 年代主题

年代主题就是针对历史上某个时期衣着服饰流行的时代背景，结合现代审美，进行有效的提炼和升华，引发人们对那个时代的关注与回忆，满足现代人来自多方面的精神需求。如 60 年代的西部牛仔装，直到今天仍受人们喜爱，但它已不再停留于耐磨的粗棉布上，而是赋于它新的时代内涵和科技含量。如今的牛仔系列已发展到衬衣、风衣、防寒服、短裤、背包，甚至女装的裙、裤，以及中老年装、童装系列。

面料的深加工和后处理，既保留了服装原有的特色，又考虑了现代人的审美需求和穿着的舒适感。70 年代的乡村音乐和乡村服饰带来的乡村休闲新概念，表现在服装上是一种回忆朴实的设计理念。在 20 世纪末，为新千年的到来，各服装品牌推出的跨世纪概念装，以世纪末人们的怀旧情结为热点的主题推出，如对老照片的喜爱与回顾，服装流行趋势推出的"30 年代怀旧风情"等，都曾掀起人们关注的热潮，满足了现代人回忆过去和展望未来的

男装设计方案表现

'99春夏·东京男装流行趋势发布（牛仔装系列）

心理。

2.地域主题

地域主题指在人们印象中较有影响和较有特色的带有浓厚地域色彩和风土人情的地区，带给人们在设计上的联想，从而推出的设计主题。如美国夏威夷以它特有的历史背景而成为当今海滩旅游胜地，由此产生的"夏威夷衬衫"以它特有的花形和休闲的式样，带动了男士衬衫一个时期的潮流。世纪初的"东方情结"带来了中式特点的男士立领衬衫和中式便装，改变了男士衬衫白色为主的着装模式，色彩更加丰富。

3.季节主题

季节对于设计师来说是一个非常重要的时间概念。对所处地区产品设计的季节周期，温差变化等方面的掌握，有利于设计对产品作出有针对性的调整，在季节的各个黄金期作文章。以防寒服、羊毛衫、保暖内衣为主的冬季服装推出的"来自冬天的温暖"，改变了男士冬季着装的臃肿，更体现一份潇洒和自信，同时也带动了男士外套的消费。季节主题应根据各地区的季节特点和周期，思考季节的销售旺季，突出

'99春夏·东京男装流行趋势发布

2000年～2001年秋冬·纽约
男装流行趋势发布

2000年～2001年秋冬·纽约
男装流行趋势发布

设计创意，营造新的市场机遇。

4.文化主题

文化主题主要来自于对文学作品、哲学观念、审美趣向、传统文化、现代思潮以及社会发展的广泛关注和领悟。20世纪末"兄弟杯"国际服装设计大赛推出的"人类只有一个地球"和"展望21世纪"的设计主题，体现了人类对生存环境的关注和对未来的展望。社会的发展给人类在物质和精神方面带来了新的追求和挑战。由网络时代带来的信息革命，由科技发展带来的新型合成面料，都使设计更富于想象空间。从60年代"嬉皮士"运动的反传统到崇尚个人主义和绅士风度的"雅皮士"，从全民健身和"生命在于运动"的倡导到运动休闲装的流行，以及当今的新古典主义和所谓的"文化衫"，无不体现由文化主题引发的流行时尚。

主题概念的推出并非为了主题而主题，而是对设计思维的全面理解，为设计创新找到理论依据和新的思维源。设计应善于关注人们关心的热点和话题，敏锐地感受社会发展的动向，才会使设计不断推陈

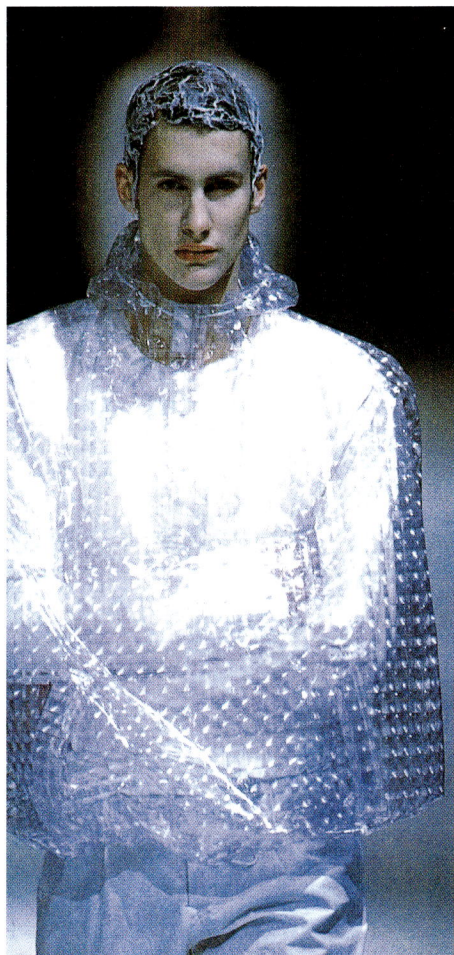

'99巴黎男装流行趋势发布会·[MASAKI MATSUSHMA]的前卫时尚设计

出新。

三、设计个性的树立

对产品而言，具有个性的设计就是有特点的设计。个性是设计师经过长期实践和总结所形成的设计风格和设计特点。如服装大师三宅一生的作品，都注重对型的塑造和对新材料的研究，他的作品都表现出简洁大气，风格突出，因此他被称为服装雕塑大师，其作品的个性特征鲜明，而这种个性特征的形成又凝聚了设计师的不断探索和追求。如果设计作品所表现出的个性不被多数人所接受，那么这种个性是不成熟的个性；只有当个性被多数人肯定时，其作品才具有个性美的性质。

设计的个性特征，包括设计师的生活阅历、文化修养、知识结构等方面。那种刻意追求，为了个性而个性的作品，表现出的是对个性的敷浅认识。我们常说这个款式没有特点、太一般，实际上是指这个款式没有个性特点。当今，人们要求衣着服饰更加个性化、风格化，那种有个性特点的款型设计更能受到人们的喜爱。即使服装的款型相同，如果穿着者的层次不同，配搭关系不同，所展现出的着装个性也不相同。这也是我们常说的由穿着者进行的"第二次设计"。因此，设计的个性特征体现了设计师全面的设计素养，那种单纯从外表大肆夸张的个性不是真正的个性体现，个性的树立应体现在对自身的认识和对他人经验的总结的基础上。

设计个性的树立是一个漫长的过程。正如被称为大师的艺术家，通常是因其在艺术创作上具有鲜明的个性特点，对艺术有自己独到的见解而形成了独特的艺术风格。而设计中的个性特征是建立在实用的基础上，在反复实践中探索适合自身发展的设计思路，形成自身设计作品的个性特征。简言之，设计从幼稚走向成熟的时候，也就是个性特征逐步形成的时候。

2000年春夏·东京男装流行趋势发布（时尚T恤）

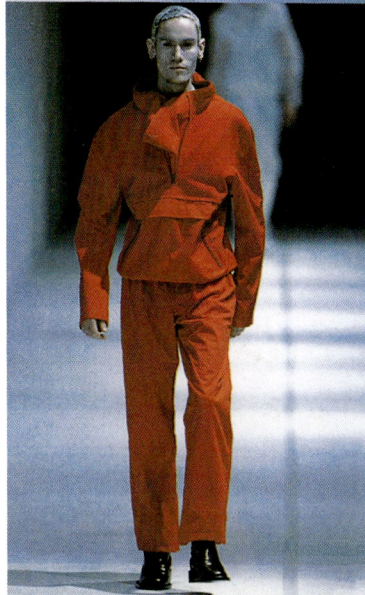

'99巴黎男装流行趋势发布会·[MASAKI MATSUSHMA]的前卫时尚设计

90年代后期[GIEFFEFFE]的休闲男装

第二节　设计的表现

设计的表现不仅是我们通常理解的画设计效果图，而且要求设计师对设计具有从平面到立体、从整体到局部的形象思维能力。设计师对设计的表现是否具体，设计计划是否详细，都是设计效果的具体保证。从设计到成衣，仅仅完成了设计的一部分，当它穿在所设定的消费者身上时才有其完整的意义，着装效果直接反映出设计是否达到所计划表现的状况。因此，设计表现的详尽规范是保障产品效果的基本条件，对设计的表现，应注重以下几方面的问题。

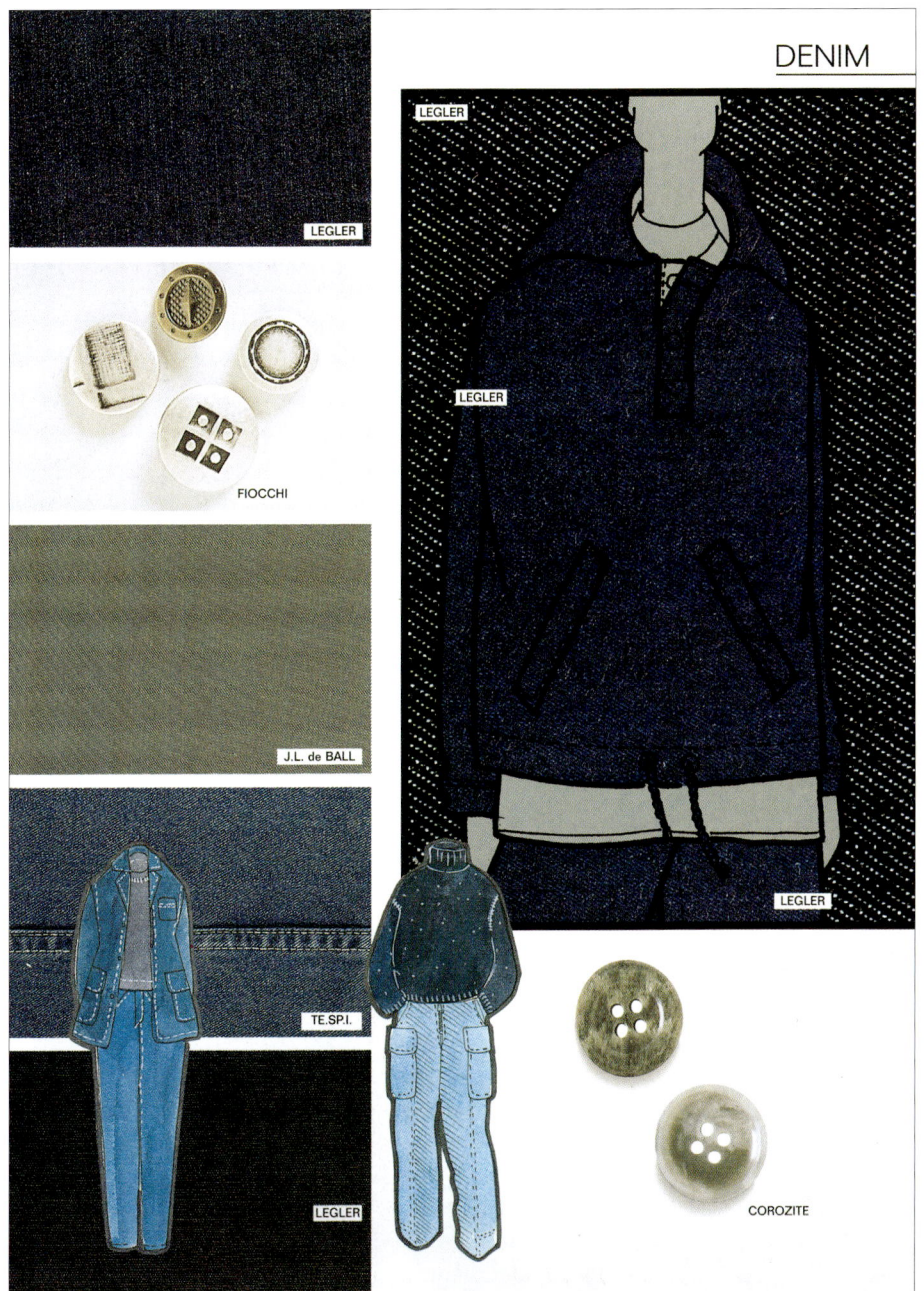

男装设计方案表现

一、设计效果图的表现

设计效果图也称时装画。它强调把构思的服装式样，通过艺术的夸张，呈现出着装纸面效果、款式特点、标准色彩、面料组合以及基本的材料质感，使我们能直观地感受设计。它同时也对夸张的部位，上下之间的比例，局部与整体的省略与表现都有一定的要求，以便使最后的着装效果，符合最初的构思表现。

二、款型结构的表现

款型结构的表现是在设计效果图的基础上对构成服装款式结构的具体表现，也是版型完善的依据，工艺实施的保证。它包括款型正背面组成结构，省位变化，开刀部位，钮扣的排列关系，袋口位置详细图解等。款型结构的表现准确性是设计具体实施的重要依据，也是设计表现的重要组成部分。

三、服饰配件、局部特点的表现

与整体着装相关的服饰配件表现是服装完整性的组成部分之一。它包括帽、领带、皮带、包、围巾、手饰等方面的配套设计，以及相关的结构细节、材料使用、加工手段的具体说明。由于效果图对款型细节和局部不能详尽表达，如服装的里衬、内袋、商标位置等。因此，在设计上若有局部、装饰效果等有特殊需求时，就需要对这类设计做大样表现，并详细说明，如款式上有电脑绣花，局部镶拼，丝网印花等。设计只有做到准确的设计表现，才能使构思效果得到完整体现。我们应该在此基础上，制定相应的工艺流程和技术规范，使设计表现得以具体体现。

John Varvatos
ルースに身につけたメッセンジャーバッグ。レザーのハードな質感がそのボリュームとマッチしている。

Gucci
モノトーンでシャープにデザインされたショルダーバッグ。素材は白いスエードとレザーを使用。

D Squared
ゴージャスなファーをあしらったショルダーバッグ。ショーの中でも抜群の存在感を発揮した。

Hermès
耐久性に優れた高級レザー、スイスに棲息する小型牛、トリヨンクレマンスを使ったオータクロア。

Kenzo Homme
レコード盤サイズのDJバッグをスーツに合わせた斬新なコーディネーション。

Prada
ピッグスキンを使った手提げかばんは、丸みを帯びたクラシカルなフォルム。

Matt Nye
大きめのショルダーバッグは、レザーとフェルトの組合せ。異素材の質感をデザインに生かして。

Gucci
新色のオレンジ×キャメルのストラップがポイントのカーフとモノグラムキャンバスのショルダータイプ。

Kenneth Cole
アタッシェケース型のビジネスバッグをファーとレザーの組合せでデザイン。

Trussardi
服と同素材のパイソンをビギーケースにも用いた大胆なコーディネートが目を引く。

Hermès
トリヨンクレマンスの高級な質感を、このブランドならではの鮮明なオレンジ色に染め上げたブリーフケース。

Romeo Gigli Uomo
グラフィカルなホルスタイン柄のはらこを使った斜めがけのショルダーバッグ。

服饰品—现代男士的时尚包

LEGLER

LOROPIANA

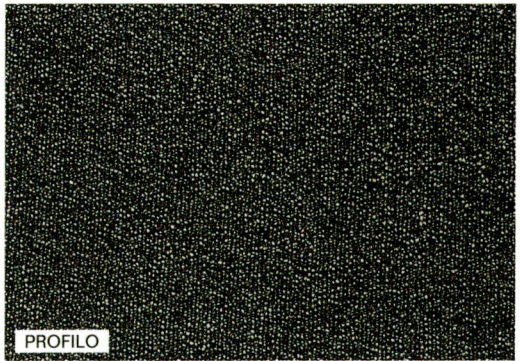

PROFILO

BINICOCCHI S.p.a.

PROFILO

FURPILE MODA

GOMMATEX

G.VECCHI

男装设计方案表现

第三节　材料的组合

　　设计构想需要相应的材料作具体的表现，千变万化的服装是由各种不同性质的服装材料组合而成。服装材料的推陈出新，创造了丰富多彩、功能各一的服装款型。

　　服装材料指的是构成服装整体的全部材料。按服装组成的结构层次，可分为面料、里料和辅料三大种类。从质地上分有天然纤维、化学纤维两大类。服装材料的种类不同，表达出来的材质性能、视觉效果、使用功效也不同。目前许多设计师能做出很好的设计创意，但疏于对材料的认识。因此，我们有必要对材料的性能特点做基本的了解和认识，根据材料的性质着手设计符合材料的式样，充分表现材料本身所具有的美感。

蕾丝花边与梭织面料的组合

RENOMA

针织面料与化纤面料的组合

一、材料的特性

服装材料有粗细、厚薄、轻重之别，不同的材料有不同的表现手法和视觉效果。在设计中，使用轻和薄的材料不一定能造成轻快之感，相反使用厚重材料，经过技术加工也能达到轻快的目的。这在于对材料的使用和组合上的判断。因此，对材料本身的状态和加工完成后的效果应有清晰的认识，巧妙地利用材料自身的特性，就能为设计增添新的惊奇。

材料的特性，一般指材料的特征和性能两方面。特征主要指能直观感受到的材料肌理、厚薄、轻重等方面。性能主要指纤维含量、伸缩率、保暖透气性能以及后处理等方面。这些特性，可以用目测、触摸等方式直观地感受，将这些感受进行分析判断并加以表现，使材料特性丰富展现，为设计服务。除此之外，从材料中产生的形状和颜色也是我们思考的重要因素。特别是色彩，它是视觉能直观感受到的东西，而用手是无法分辨的，但它对材料的使用起着重要的作用。它直接关系到人们对服装的第一印象，由色彩产生的花纹和花样，更能反映材料的外在效果。

1.毛呢面料

毛呢面料是男式套装常用的面料，有精纺毛料、粗纺毛料、长毛绒、驼绒等种类。毛呢面料具有保暖透气性好、穿着舒适、手感柔软、折皱回复性好、可塑性强等性能特点。由于毛料是纯天然成份，材料本身就是一种价值的体现，是深受男士喜爱的一种服装材料，如常见的纯毛西服套装、人字呢、雪花呢外套等。这种着装风范给人以格调高雅、潇洒气派、不落俗套的感受。

针织面料与表面肌理效果处理组成的视觉新形象

2.真丝面料

真丝是以桑蚕丝为原料的丝织产品，常用于男式便装和衬衫，是男式春夏季服装中常用的面料。真丝品种有双绉、电力纺、真丝斜纹、塔夫绸等。它的主要性能表现为色泽艳丽，悬垂性好，吸湿性佳，手感滑爽，穿着舒适等。现代科学技术已能让桑蚕吐色丝，生产天然有色丝绸面料。而且由于纺织和印染技术的提高，真丝品种更为丰富，它已不仅是我习惯上的春夏季面料，而且也广泛用于秋冬季。因此，长期以来受到人们的喜好。

21世纪初的时尚男装

20世纪90年代的休闲男装

3.棉质面料

棉布是棉纺织品的总称，是纯植物纤维织物，而且我国又是世界上最早使用棉花的国家之一。在计划经济时代，棉制品给人们留下了非常深刻的印象，如棉衣、棉裤、棉鞋、棉帽等。直到今天它仍被人们喜好，象如今的男式休闲裤、牛仔裤等，都是典型的纯棉服装。棉布的种类繁多，按织纹划分有平纹布、斜纹布、人字布等；按色相划分有白布、色布、花布、色织布等；按纱质划分有厚织布、细织布等。目前棉质面料正向着厚薄两极发展，厚型的如劳动布、牛仔布、帆布、灯芯绒等；薄型的如棉绸等。棉质面料轻柔保暖，透气，吸湿性好，具有一定的耐磨力，而且洗涤方便，是男装四季常用的一种面料，特别是在内衣上的运用更为广泛。随着科技进步，对棉纺织品的深加工和染色以及后处理技术的提高，如磨砂、拉毛、仿旧洗等工艺的完善，使棉制衣料在设计上的使用更为广泛，品种也更加丰富。

手绘的随意性与不对称的款型组成20世纪90年代的新时尚

4.麻类面料

麻类面料是植物纤维的一种，主要用苎麻、亚麻两种纺织纤维加工而成。亚麻面料较细薄，而苎麻面料较粗犷，这主要是由两者的纤维决定的，因此能达到相应的纺纱支数。我们常见的亚麻纤维，吸水性能和散发水分的性能比棉大，遇水后不易腐烂，且纤维之间的拉力、弹性、膨胀力会增大。纤维之间的组织越密，防止渗漏的效果越好，因此纯亚麻布也常用于油画的基础布。由亚麻织物做成的面料，大多用于夏季服装面料以及其它服装的辅料。

由于麻织物具有一些特殊性质，因此它与毛、棉、丝等织物混合纺织所开发研制成的面料，成为国内外的热门产品。这些新产品具有麻织物的优点，又具有毛、棉、丝织物的性能，从而深受设计师的喜好，并广泛用于男式服装的各个类型。

5.化纤面料

运用化学提炼而产生的合成化学纤维，经过纺、织、染整个工艺处理而成的织物面料称为化纤面料。它一般可分为两大类，即合成纤维和人造纤维。合成纤维面料有涤纶、锦纶、晴纶、丙纶与氨纶。其特点，如晴纶具有轻柔保暖，富有弹性，耐光耐热，不霉不蛀等性能。人造纤维面料主要有粘胶纤维，醋酯纤维与铜氨纤维面料。其特点是穿着舒适、飘逸柔软、悬垂性好、染色鲜艳，而且价格也很便宜。

化纤面料广泛用于男式外套、运动类服装、女性内衣和各种服饰品，如我们熟悉的涤确良、晴纶汗衫等。如今的化纤混纺面料变化多样，品种丰富，化纤制品在我们生活中无处不在。随着新技术的不断发展，化纤面料可开发和利用的价值越来越大，新品种的层出不穷，给人类带来了新的繁荣和希望。

20世纪90年代的休闲男装

法国设计师[让·保罗·戈尔捷]作品

20世纪90年代的休闲男装

二、材料的加工

材料的加工包括对材料本身进行分割以使其立体化，以及对原材料和产品进行后处理，如水洗、拉毛、增柔、涂层、仿旧、织绒等。通过这些加工手段，原有的材料可以焕然一新，为设计增添新的内容。如牛仔裤的磨砂洗，灯芯绒的仿旧洗，都使材料本身产生了新的视觉效果。就材料而言，它需要技术的处理和加工，才能构成服装产品。因此，材料是构成服装产品的物质基础。为了加工，我们必须了解材料的加工极限，根据材料的适应范围来恰如其分地完成设计。材料与加工之间应首先考虑材料，加工只能顺应材料。服装产品的成功是由材料的特性和适合此材料的设计加工的有效结合。

服装材料的特性决定着加工方式和服装式样的制定。对材料新信息以及性能的了解是设计师必须具备的基本条件。设计师不仅要注重服装的机能性和适应人体的功能性，还应当对材料本身的科学性加以认识。对材料本身进行具有艺术性和美感的研究也是必要的，因此，从美感和科学两方面的真正研究，才能全面理解服装材料的意义。

服装材料是设计思维来源的组成部分，从服装材料中产生设计联想也是设计中常用的手法之一。当被众多的服装资料左右时，我们从材料入手，可带来另一片思维的空间。如可从材料的反光与不反光，顺毛与倒毛，透明与不透明，厚与薄，轻与重之间找到思维点，获得新的成功。材料只有通过对比和组合才能产生美。设计，应是"没有过时的材料，只有过时的设计"，充分利用材料的美是设计师应具备的素养。

服装材料的再处理与流行时尚的结合

第四节　体形特征

　　人们着装是以合身为基本条件，不同的体型有不同的着装要求，满足各体型着装的需要是设计承担的责任。由于生活水平的提高，对衣、食、住、行已有了更高的标准，随之而来的体型较之以往已有了较大的变化，如身高、体重、各部位相对数据等。人的体型是受环境、年龄、职业、生活习惯、气候条件、饮食习惯等诸多因素的影响而各自不同，如我国南北地区的体型差异，东西方民族之间的体型差异等。因此，必须善于观察体型之间的差异，对所设定地区的生活状况，基本体型条件有相对认识。版样、号型系列的制定，产品的推广对设计都十分有益。我们常说的"量体裁衣"是在设计的基础上对体形的了解和观察以及对各部位尺寸的测量，使服装与人体之间达到一种协调。由此，对体型的认识显得十分必要。

男士内衣设计

意大利设计师[法兰可·摩斯奇诺]的男士内衣设计

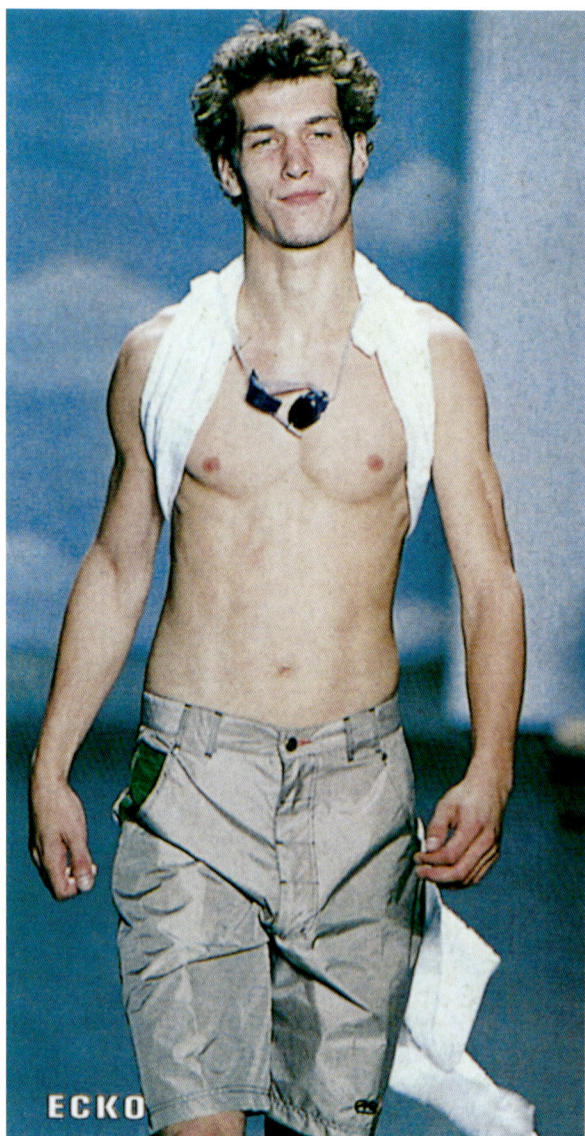

男士内衣设计

一、体型的类别

1.从整体上观察

标准体型——指人的身高、宽度与围度之间的比例均衡，尺度相对协调的体型。

肥胖体型——指与身高相比，腰围尺度大，腹部向前凸的体型。

瘦型体型——指腰围尺度与全身相比显得纤细，身体较高，其腹部比标准体型的腹部更细的体型。

2.从局部上观察

①上身部分

主要指腰围以上的体型种类。主要有挺身、屈身、厚身、扁平、背沟等几种形状。

②颈部

主要有长、短、粗、细之分。短脖子以肥胖体型或耸肩居多，而长脖子以瘦型或垂肩的居多。

③腹部

主要有挺腹和屈腹两种。挺腹指臀部较平的体型，且上体倾斜，腹部凸出。屈腹指臀部丰满上提，上身直，腹与腰、与臀之间较协调。

④肩部

分耸肩、垂肩、不同肩、前肩等几种肩形。

⑤腿部

有内轮腿即"X"腿，外轮腿即"O"型腿两种腿型.

对上述体型类别的了解和观察，因为服装不仅要满足人们生理和心理方面的需求，还要调整身体部位的不足，使身体的长处得以发挥，不足之处得到补偿，体现着装者的自尊、自信。如牛仔裤具有使臀部向上提的作用，使身体曲线得以展现。要使服装在整体上达到相对的效果，应分析着装者在哪些部位要抑制，哪些部位要强调，这对有针对性设计是有必要的。

男士内衣新时尚

男士内衣新时尚

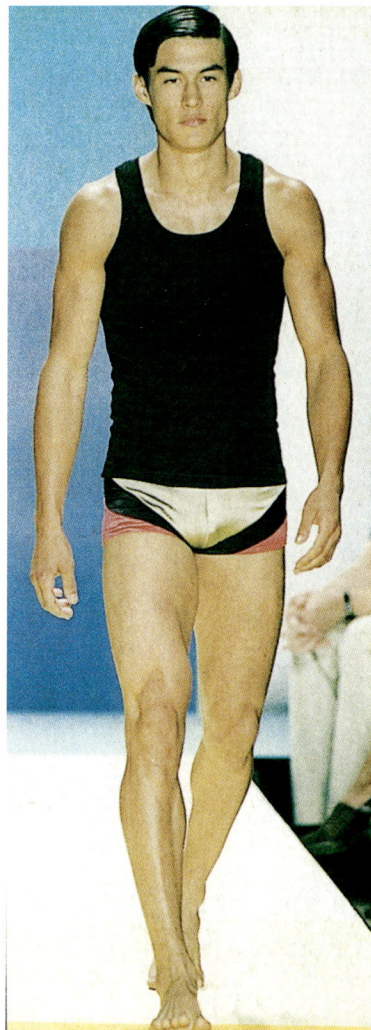

二、体型特征

人的体型各自不同，组成体型的各个曲面也不是固定不变的，对体型的变化应以设定的对象群进行分类，并做周期的测量，分析各体型之间的共性和个性，结合男性和女性两者之间的体型比较，以便加深我们的理解和认识，抓住问题的本质，有针对性地作出技术处理和设计应变。

①胸部厚度特征

男性因体宽而胸厚，女性因胸部乳房高低大小不同而有围度上的变化。

②胸、腰、臀三围特征

男性三围之间变化不大，上身多为直筒型，而女性三围之差较大。

③臀部特征

男性臀部是宽而横向，女性由于皮下脂肪多而圆，特别是东方女性，臀部略显下垂。

④肩宽特征

男性较宽而挺，女性显得窄而圆滑。

⑤身高特征

男性普遍高于女性。

上述的特征比较的目的在于认清服装是为人服务的，离开了人的因素，就失去了它完整的意义。通常着装是应体现内在气质、精神面貌、文化涵养等，但现实生活中并不是所有人都具备标准体型条件。因此，用服装来弥补身体的缺点，使服装优化着装者本身，这是着装者的愿望，也是服装功能的另一体现。由体型特征表现出的差异，可根据上下装比例的调整，线型分割形式的变化，色彩、服饰的有效搭配来寻求解决的途径。突出重点，淡化不足，最终达到和谐的着装目的。

90年代后期前卫时尚的男装

1967年进入巴黎男性高级时装界,有着举足轻重的意大利设计师[尼诺.塞路提]的休闲男装作品

第五节　流行的认识

　　流行是指在现有的生活模式基础上所产生的一种新的、可参照和对比的、能影响一批人生活行为的方式，这种方式在服装上体现得较为突出。服装的流行通常从摹仿开始，最终成为整个社会喜好的一种扩大与流动的现象。流行的意义也在于为大众提供了一种可摹仿的形式，也为设计提供了可参考的依据，如流行的运用、流行主题的制定、流行款式的分析、流行面料的组合等。对设计来说，理解流行不是等到某个式样流行后去追赶潮流，而是主动迎接市场，引导新的流行时尚。

　　流行通常有循环性和渐进性两种性质。循环性意味着一种方式的重复和往返，如喇叭裤的反复流行，体现了这种方式的循环被人们重新认识，但再度流行的喇叭裤，从材料、版型、比例等方面更加考究，更体现时代气息。这种流行，如果没有时代差别而总是循回再现，那就不能体现社会的进步。从西装的出现至今，虽然仍保持了它原有的形

2001年的休闲男装与流行色的结合.使男装用色更为明朗化

式，但款型、版型、面料、辅料、工艺水平等，都能让我们感受到每个时代留给它的痕迹。流行的渐进性是一种逐渐的循序的过程。一种事物的流行，通常是有预兆的，正如一件产品，只有在得到消费者认可的基础上不断改进，才能得到更为广泛的认同，从而达到它的兴盛阶段，这同时也预示着下一个流行的雏型开始隐现了。流行的循环和渐进是相互作用的关系，两者调合的结果就是流行的开始。纵观服装的发展历程，我们可以清晰的感受到：流行不仅是一种形式的表面现象，而是时代赋予每个时期的特殊意义。

流行的产生涉及到生理、自然、社会、文化、科技等方面的发展与进步，人们对新生事物和新的生活方式的追求是产生流行事物最直接的原因。从基本的填饱肚子到科学营养的饮食结构，从崇尚奢侈到回归自然，从满足保暖到更具时代审美的套装、休闲装的喜好，以及电脑、家用轿车的消费热，充分反映出人们对新生活方式的追求。因此，流行的产生，也是人的好奇心提出的新要求而形成的必然结果。新鲜

2001年的休闲男装与流行色、服装材料的结合.使男装风格更为多样化。

和少见是相对一致的, 甚至可以说, 稀少性构成了新鲜感。稀有令人感到优越、骄傲、自满, 如同手机被少数人拥有时是富有的象征, 使大多数人感到新奇与羡慕, 随后便是流行与普及, 体现为多数性。所以, 流行也包含着稀少性和多数性两个相反的内容。

由此可见, 流行以新鲜性开始, 以多数性而结束。一个新产品若不被多数人喜好就不能流行, 反之, 流行的事物被多数人仿效也就失去了新鲜感。所以, 流行体现着既复杂又矛盾的性质。只有全面理解, 才能认识其本质。对服装的流行的认识, 不仅要考虑材料、色彩、式样, 还不能离开流行要表现的时代思想、社会气息、经济状况、文化背景等这些无形的因素, 否则这种流行没有时代根基。

针织服装广泛用于2001年的休闲男装.大对比的色块更突出了男装的个性。

第五章　色彩与服装

　　服装色彩作为一项专门的课题,涉及到色彩构成原理和色彩美学方面的系统知识。色彩语言的合理运用,有助于服装设计和服装效果的体现。关于服装色彩,许多专著有着较为详尽的论述,本章节主要在色彩对服装的作用、服装色彩的认识以及流行方面做一些局部探讨。

鲜艳明确的色彩大胆地用于2001的休闲男装.使男装风格更为个性化。

第一节 色彩对服装的作用

当我们进入商场浏览众多的服装时，首先映入眼帘的不是款型而是颜色。色彩能使人产生丰富的联想，通常青少年偏于对周围的动植物、食物、玩具、服饰品等具体事物的联想，如绿色会联想到树叶、草坪，蓝色会联想到海洋、天空；而成年人则较多地联想到社会生活实践中的抽象概念，同样的绿色会联想到和平、希望。色彩也能带给人们情感上的变化，如色彩的冷暖、强弱、软硬等心理感受。色彩同时也具有象征性，如红色在我国象征着喜庆，黄色象征着高贵与皇权，绿色在世界范围被公认为象征着和平与希望。对色彩这种广泛而又特殊的语言，设计者应对此有较全面的理解和认识，它关系到人们对服装的第一视觉印象，以致对款型、工艺、局部等方面的认识，促成购买欲的产生。因此，色彩在服装设计中的作用是不可忽视的，也是体现产品效果的重要因素之一。而设计的目的也在于把各种各样的形状和色彩作为综合条件进行有效地组合表现，实现美的协调。

服装色彩主要针对的是服装面料色彩、花形纹样以及面料后处理的选择，包括单色和组合色彩的配搭协调。色彩的选择组合，需根据设计的色彩系列定位，作出明确判断，并通过反复对比，确定哪些色为主色系，哪些为辅色系，主色与辅色之间的比例关系，各自面积大小等，再结合流行色制定设计方案和用色计划。一个好的款型，若没有好的色彩配搭也有失设计水准。设计应以一种职业的态度来考虑着装者的条件。

服装色彩虽然仅是完善设计的一个因素，但它反映了设计师的综合素质，体现设计师对色彩的敏感度，对色彩构成原理的认识，对流行色彩的体会，对色彩美感的表现等。因此，色彩作为服装的组成部分，设计师应对其性能有深入的理解，并通过反复实践，才能达到熟练的色彩组织能力，在设计中得心应手地运用色彩，表现设计效果。

第二节 色彩的应用

在影响设计的众多因素中，色彩作为人对物的第一印象，显得更为重要。色彩在服装上的成功运用应以着装性别、年龄、职业、体型、肤色、面部、季节、环境等各方面的有机协调为条件，充分运用色彩的基本原理，满足设计运用的需要。在年龄上应注重儿童、青年、中老年的特点以及他们对色彩的心理要求和适应范围。职业上应根据职业特点进行不同的色彩考虑，如医生以白、粉蓝、粉红等浅色为基调，给人的崇高、洁静、神圣之感。体型上应根据人的高矮、胖瘦考虑色彩对体型在视觉上的差异，从而达到满足心理需求，如深色、冷色调给人以收缩感，而浅色、暖色调给人以膨胀之感。相同的颜色在不同的肤色对比不会产生较大的视觉差异，我们通常可以用大小色块组合对比的方式，调整面积，增加配色的实感，达到和谐的效果，如黄皮肤以对比强烈的色相，不同的色度和低明度的色彩较为适宜。对面部色彩应考虑到领型、服饰品、领带、领结、围巾、帽子等方面的协调配搭。季节的变化使我们容易产生对着装色彩心理上的需求和变化，

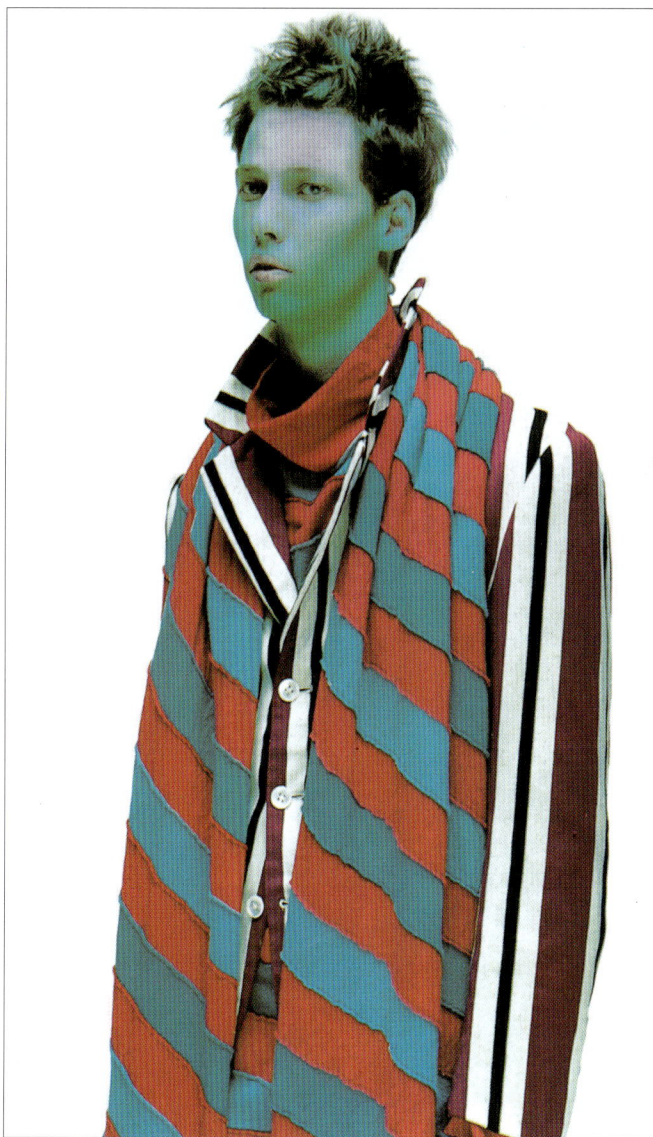

针织服装广泛用于2001年的休闲男装
对比强烈的色彩在围巾上的大胆运用，丰富了于男性服饰品。

如夏季男式衬衫通常以浅色系为主，而春秋季的衬衫色彩可处理得更加活跃，更富有生机，而冬季可以较沉着的色系为主。环境方面有方化环境，地域环境等，在意大利世界杯足球赛开幕式上，代表亚洲、欧洲、美洲、非洲的时装表演，充分体现了色彩语言的合理运用。如：亚洲以黄色为基调，体现了东方民族对黄色的崇尚以及对黑眼睛，黄皮肤的理解和认识；欧洲以绿色为基调，展现了欧洲的富有与园林式的生态环境；美洲以红色为基调，体现了美洲人的热烈和开朗；而非洲以黑色的组合纹样为基调，配以非洲人特有的服饰，体现了非洲人的勤劳善良与能歌善舞。上述设计正是用色彩识别的方式，展现参赛各洲的文化内涵，虽然款式的因素在若大的体育场和短暂的表演中已显得次要。

色彩在其它领域也有许多成功之例，如在大型的博览会上，虽然我们在语言文字上不能沟通，但我们可以通过色彩识别到达我们要去的地方。城市可通过色彩识别为人们提供安全方便的生活方式。色彩在我们生活中无处不在，可以说我们生活在一个五彩缤纷的时代，色彩带给我们的特殊意义是语言无法替代的。正是色彩，使我们认识了大自然，感受到社会的瞬息万变，它给我们创造了丰富多彩的生活。

针织服装广泛用于 2001 年的休闲男装，大对比的色块更突出了男装的个性。常用女装的大方格面料而今也大胆用于男装。

第三节 流行色的认识

色彩可以营造一种气氛，这种气氛的延续，导致人们对某一类色彩的崇尚以及人们心理和行为的直接反应。流行色的出现也是随流行时尚的发展而提出的一种具有时代性的、可参考的并有一定指导性的流行色系，它是相对于流行而言的一种流行形式。流行色不仅针对服装，而且它与我们生活密切相关。由于我国对流行色的研究和推广以及应用方面起步较晚，大从对流行色的认识显得既熟悉又陌生，因此，我们有必要对流行色作基本的了解和认识。

流行色的研究最初是由法国、瑞士、日本等国家发起，于1963年建立了国际流行色协会，现有近20个成员国。参加国的条件是必须在本国建立相应的流行色研究机构，定期向协会提供色系资料和色系主题，并参加学术活动。流行色的发布是根据各成员国每年两次向协会提供的，代表该地区特色的色样，经专家评议而推出的既具有各地区特色，又符合国际流行标准的色谱。每年12月份预测和确定两年后秋冬流行色，6月份预测和确定两年后春夏流行色。流行色的发布对服装、面料、服饰配件以及生活时尚都具有指导意义。我国对流行色的研究和预测工作是从80年代初开始的，由丝绸、棉纺织印染等机构组成了中国流行色协会，并加了国际流行色协会，成为正式会员国。这表明进入80年代以后，随着国民经济的发展，人们着装意识的提高，为适应新的国际竞争，我国已开始重视流行色的研究、推广和应用。

流行色是指在一定时期内，具有相对流行范围而普遍受到人们喜好的几种色调，它是相对于常用色和超前色而言。某一色系的流行，不论是事前的预测还是事后的实际存在，都可称为流行色。流行色的推出使设计有了直观的、可比较的色彩基础，由此产生的色彩系列，代表了大众的倾向和可参照的国际标准，具有广泛性和科学性。流行色的制定对服装具有较为重要的指导意义，主要表现在以下几个方面：

1.流行色的发布与推广，人们对流行色的认识，容易形成由主色调发展出的系列色系，形成流行的高潮。如80年代后期的水果色、橄榄绿和本世纪初的桔红色系等。

2.流行色的推出，促进新面料的开发与印染、后处理技术的提高，使设计具备了由流行色系产生的新材料和新技术带来的新思维。

3.对流行色彩主题反映出的文化内涵以及对各主题灵感来源的研究分析，对设计的制定和产品战略计划的实施具有指导意义。

4.流行色在服装上的成功运用，可以刺激人们的购买欲望，形成广泛的消费群，使着装者在消费的同时体现流行的着装风范。

流行色的产生不是由人们的主观愿望决定的，它是由社会思潮、经济状况、生态环境、审美心理、消费水平等综合因素所决定的，它反映了一个时期内人们在色彩观念上的变化。如当男士在白色衬衫一统天下时，有色衬衫、深色衬衫又会带来新的穿着时尚。其实衬衫的款式并未因此发生变化，只是由色彩而引发了新的一轮流行。通常流行色的发布时间充分考虑了印染、面料、服装生产的周期因素，这也为合理利用流行色创造了先决条件。

针织服装广泛用于 2001 年的休闲男装，对比强烈的色彩在上衣、下装、披风、手套上大胆地运用，使服装和服饰品浑然一体。

2001 年的休闲男装，上衣后背做钮扣装饰的手法用于女装，而今也大胆用于男装。

鲜艳明确的色彩大胆地用于 2001 年的休闲男装，使男装风格更为个性化。

2001年的休闲男装——色彩鲜明，赋予创意的休闲外套，使男装风格更为个性化。

参考书目

《文化服装讲座——男装编》　日本文化服装学院编　中国展望出版社　1984年版

《二十世纪世界时装》　王受之　冯达美　编著　玲南美术出版社　1986年版

《服装文化》　纺织工业部教育司　1992年版

《MR》　日本杂志